iPad+Procreate
服装款式设计与效果图表现教程

常梦梦 著

北京大学出版社
PEKING UNIVERSITY PRESS

内 容 提 要

服装款式图设计是服装设计专业的一门必修基础课程，而使用 Procreate 软件作画十分便捷，简单的矩形界面几乎囊括了服装设计款式图绘画的所有功能。所以学会在 Procreate 上绘制款式图能达到事半功倍的效果。

本书共包含 6 章内容，第 1 章讲解了 Procreate 的基础操作；第 2 章讲解了服装各个部位的款式绘制技法；第 3 章展示了 8 种上装分类款式图的绘制技法；第 4 章展示了 6 种下装分类款式图的绘制技法；第 5 章呈现了 6 种服装配饰分类的款式图；第 6 章讲解了配饰、上装和下装的着色技巧；经典服装款式设计图赏析收录了多幅精美的服装手绘效果图。

本书适合服装专业学生和从业者，以及服装设计爱好者阅读和使用。

图书在版编目（CIP）数据

iPad+Procreate 服装款式设计与效果图表现教程 / 常梦梦编著. — 北京：北京大学出版社，2023.9
ISBN 978-7-301-34352-4

Ⅰ. ① i… Ⅱ. ①常… Ⅲ. ①服装设计 – 计算机辅助设计 – 图像处理软件 – 高等学校 – 教材②服装设计 – 绘画技法 – 高等学校 – 教材 Ⅳ. ① TS941.26 ② TS941.28

中国国家版本馆 CIP 数据核字 (2023) 第 160450 号

书　　名	iPad+Procreate 服装款式设计与效果图表现教程 IPAD+PROCREATE FUZHUANG KUANSHI SHEJI YU XIAOGUOTU BIAOXIAN JIAOCHENG
著作责任者	常梦梦　著
责任编辑	王继伟　吴秀川
标准书号	ISBN 978-7-301-34352-4
出版发行	北京大学出版社
地　　址	北京市海淀区成府路 205 号　100871
网　　址	http://www.pup.cn　　新浪微博：@ 北京大学出版社
电子邮箱	编辑部 pup7@pup.cn　总编室 zpup@pup.cn
电　　话	邮购部 010-62752015　发行部 010-62750672　编辑部 010-62570390
印 刷 者	北京宏伟双华印刷有限公司
经 销 者	新华书店
	787 毫米 ×1092 毫米　16 开本　14 印张　206 千字 2023 年 9 月第 1 版　2025 年 1 月第 2 次印刷
印　　数	3001—5000 册
定　　价	79.00 元

前言

服装款式设计和效果图表现，对于学生来说，是考核在校学科专业能力的重要手段；对于服装设计师来说，更是一个必备的专业技能。随着国民经济实力和生活水平的不断提高，国内服装行业进入崭新的阶段，审美多样化也越来越明显。iPad+Procreate 手绘结合了传统手绘的绘图形式和数码创作易修改、易操作、易携带的特点，已经被越来越多行业内外的设计师所认可和接纳。

在服装设计中，不管是传统的纸绘还是结合 Procreate 的手绘形式，其主要作用都是让设计师更好地进行创意表达、设计记录，以及与版师、客户相沟通。本书结合循序渐进的学习步骤和方法，从软件入门开始，先讲述如何操作，接着分步骤讲解服装的局部款式设计技法，集合服装设计门类主要类目，对上装、下装、配饰 3 个部分分别重点讲解，并附有相关款式设计范例，最后讲解款式图的着色技巧，且通过多个案例进行教程式分步骤讲解。

相信跟随本书的进度，再通过不断的练习，读者朋友可以快速了解 Procreate 的手绘形式，理解和掌握该软件款式设计的要领和绘制技法，并按照自己的构思绘制出款式的背面。看正面画背面，看局部画整体，对于服装设计来说，这也是一个不错的创意训练形式和方法。长此以往，每个人都能利用 Procreate 高效出图，并且找到自己的个人绘画风格，为下一阶段的学习奠定坚实的基础。

本书的内容主要服务于学习服装设计的学生和爱好者，通过层层递进的框架安排，为读者朋友提供一个良好的学习模式和思路指导，并在章节款式范例中举一反三，让读者在绘制中打开思维，开启全方位的头脑风暴，激发更多款式设计的灵感和创意。

本书附赠配色参考、笔刷、底纹纸等资源，读者可扫描下方二维码关注“博雅读书社”微信公众号，输入本书 77 页的资源下载码，即可获得本书的下载学习资源。

编写本书，既是一个艰辛漫长的过程，又是一个自我归纳总结和学习成长的契机。希望呈现在读者朋友们面前的是一本专业、实用的服装设计教材。但由于编者水平有限，以及思路、视野的局限，书中难免有欠妥和疏漏之处，敬请各位专家和读者朋友批评指正。

始于蜀州，别于洪都

写于南昌红角洲

常梦梦

2023 年 9 月

目录

Procreate 与款式图结合

第2章

服装设计款式图局部

第3章 上装款式图绘制表现

第4章

下装款式图绘制表现

配饰设计款式图绘制表现

第5章

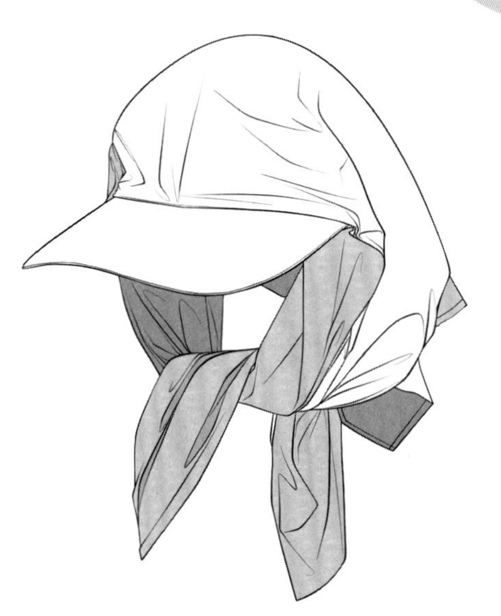

不同款式的色彩表现

第1章 Procreate 与款式图结合

服装款式图设计是服装设计专业的一门必修基础课程，现已成为表达服装设计师设计意图的重要输出手段。它一般是指，按照人体基本形态结构比例，表现服装设计的外轮廓、内结构、省道、明线，以及局部细节设计等服装平面结构关系。

Procreate 是一款运行在 iPadOS 上的强大绘画应用软件，使用方式便捷，非常适合服装设计专业学生和行业设计师平时进行款式图设计训练和灵感记录。

1.1 新建画布

Procreate 是一款专业的绘画应用软件，当它与 iPad 强大的图形处理器相结合时，便能使 iPad 也能够达到和其他大型应用软件不相上下的最终效果，且 Procreate 软件充分发挥了 iPad 便携式的可移动型微电脑办公特点，让广大设计创作者随时随地激发创作灵感。它一般搭配 Apple Pencil 使用，让 Procreate 中自带的 136 个笔刷，充分融合 Apple Pencil 的特点，提供无与伦比的绘画体验。

Procreate 软件界面相当于一个简易版的 Photoshop 软件，极致地运用了 iPad 的设计亮点，使大家能够迅速上手。简单的矩形界面几乎囊括了服装设计款式图绘画的所有功能，并给设计者最大化地保留了设计创作的画布空间，同时结合了 iPad 可以触屏的特点，使得设计者能够灵活操作吸色、返回、粘贴、翻转、放大缩小、虚实等快捷操作，真正使设计者感受到充满科技感的桌面优化原动力。同时，Procreate 还支持多种导出格式，满足不同的设计需求。

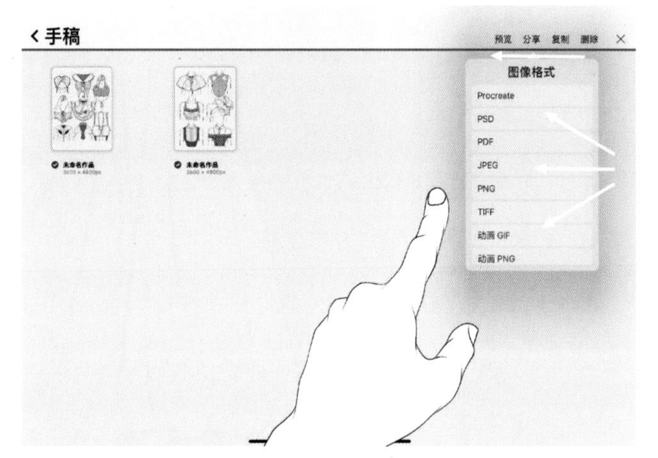

打开 Procreate 软件，点击画面右上角圈红色标识，弹出“新建画布”框，点击画面上圈蓝色标识，即可进入自定义画布新建页面。

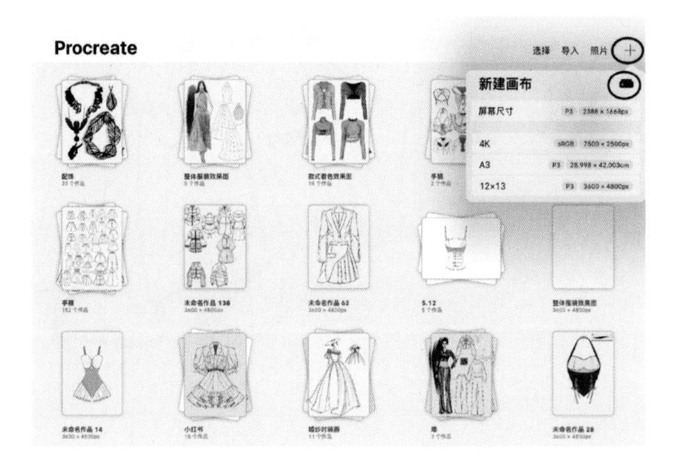

当画面出现蓝色尺寸标识时，点击圈蓝色，点击“未命名画布”，修改为自定义画布，名称为 A4；点击圈白色单位标识“毫米”，输入 A4 宽度和高度尺寸：210 毫米 ×297 毫米，DPI（分辨率）：400，点击“完成”。注意最大图层数根据 DPI 变化而变化，分辨率越高，图层数量越少，画质越清晰，反之越模糊。

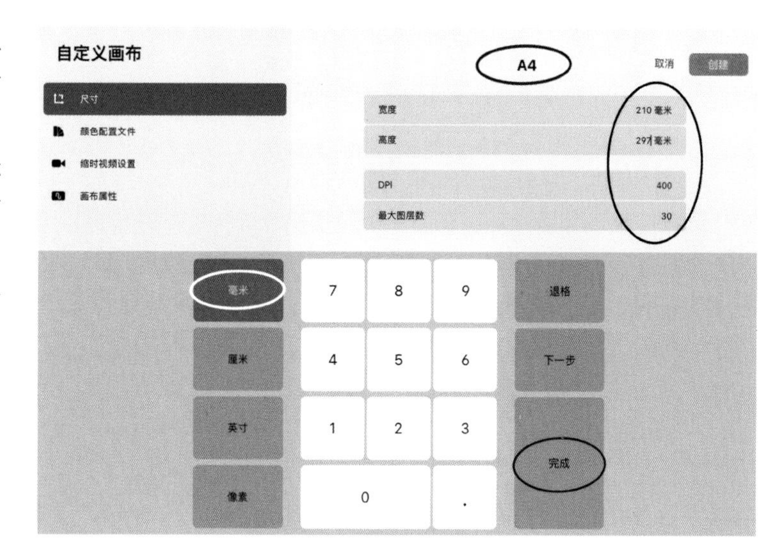

点击“颜色配置文件”，选择 CMYK 设置成常用色彩印刷模式，点击右上角圈红色“创建”即可完成画布新建。Procreate 默认的色彩模式为 RGB，CMYK 是减色模式，RGB 是加色模式，如果画面仅作为电子版，则无须这一步操作。

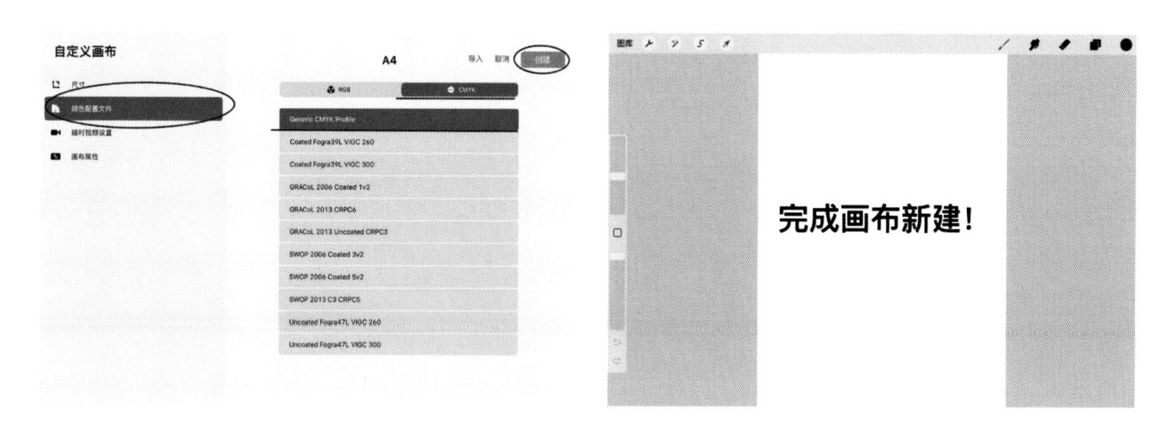

当再次需要创建同样大小的画布时，只需要点击右上角 +，即可看到 Procreate 自动储存的画布，直接点击该画布即可再次新建，如 A4 画布。

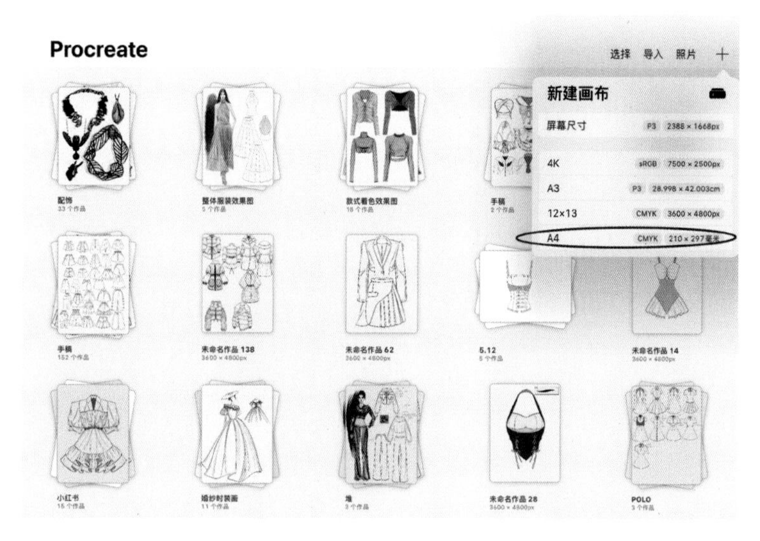

1.2 快捷手势

画布控制：用两个手指按住屏幕画布框，即可进行画布指引，实现画布的移动、旋转和放大缩小。

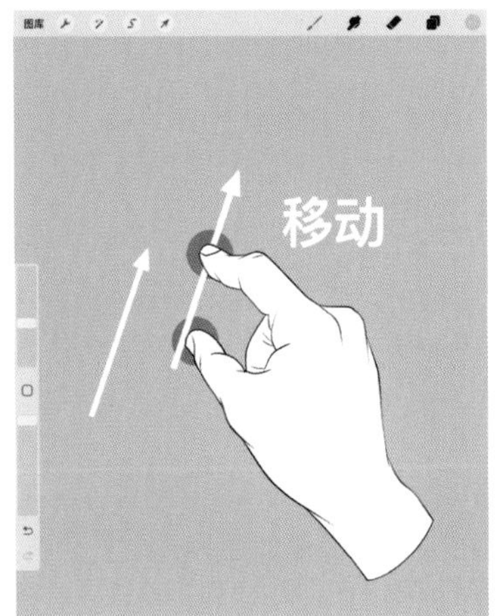

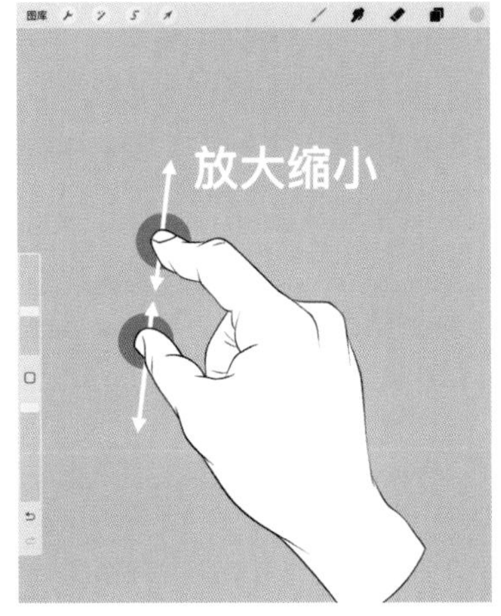

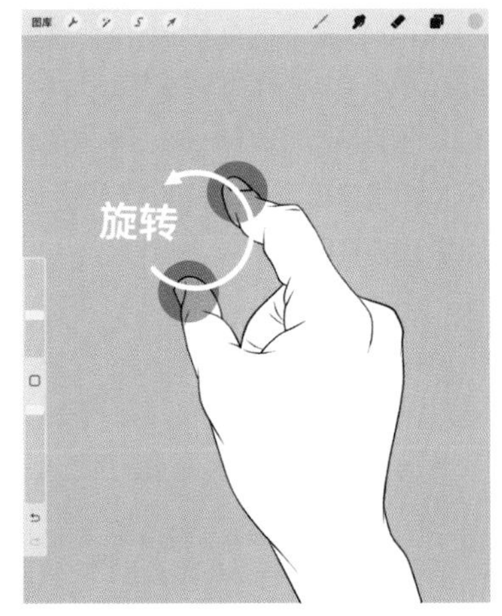

绘制直线：用手指或 Pencil 画线条时，Pencil 在想要变成直线的地方顿笔不动，该条曲线便会变成直线，这个功能特别适合描绘服装款式图中的外轮廓线条。

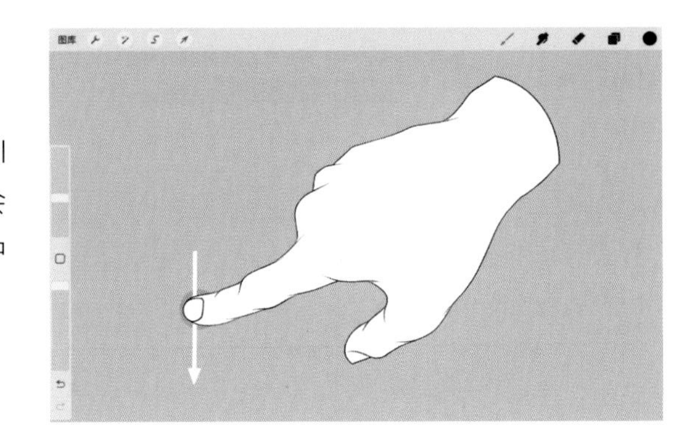

撤销和反撤销：如果在绘画过程中，觉得下笔的这一步不对，想回到上一个步骤，这时候就会用到撤销。要进行这个操作，只需要用两个手指同时轻点屏幕，循环轻点，可以一直撤销到绘画步骤的两百多个历史记录；如果撤销错误，只需要用 3 个手指轻点屏幕，便又会回到未撤销的画面，即反撤销。

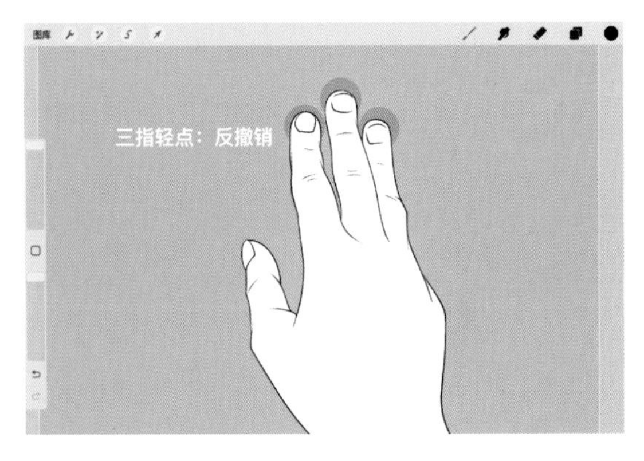

其他手势控制：打开设置小扳手，滑至“偏好设置”，找到“手势控制”，即可按照个人偏好的习惯设置手势控制。

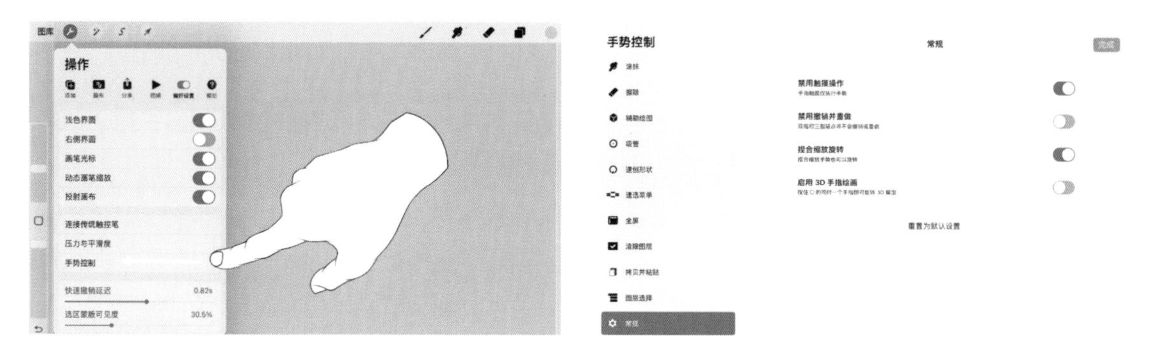

1.3 绘画辅助对称

在用 Procreate 软件绘制服装款式图过程中，对称绘制是使用频率较高的功能。打开设置小扳手图标，找到“画布”选项，往下滑至“绘图指引”并打开，选择“编辑绘图指引”，找到“对称”选项，根据个人习惯选择相应“不透明度”“粗细度”，点击右上角橙色光标“完成”，再回到画布框主页，在画布框右边的任意想要对称绘画的图层选项里，单击该图层，找到“绘画辅助”并点击，当图层下面出现小字“辅助”时，即开启了绘画辅助对称功能。

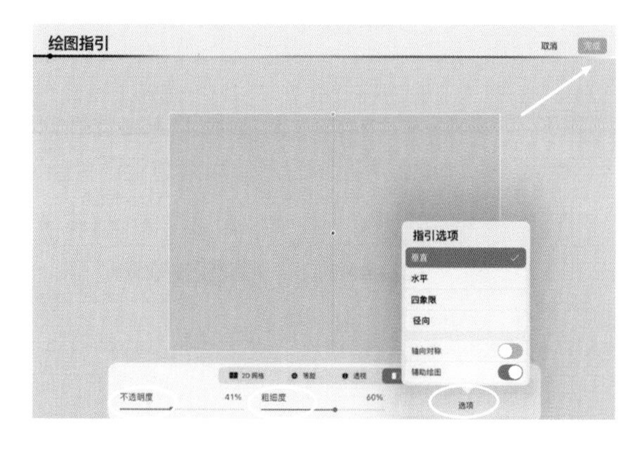

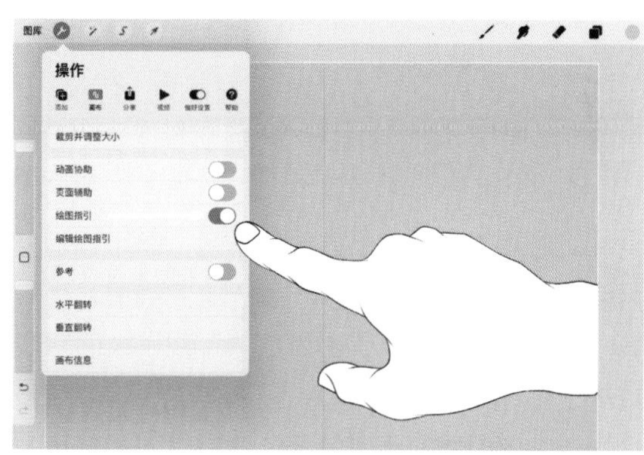

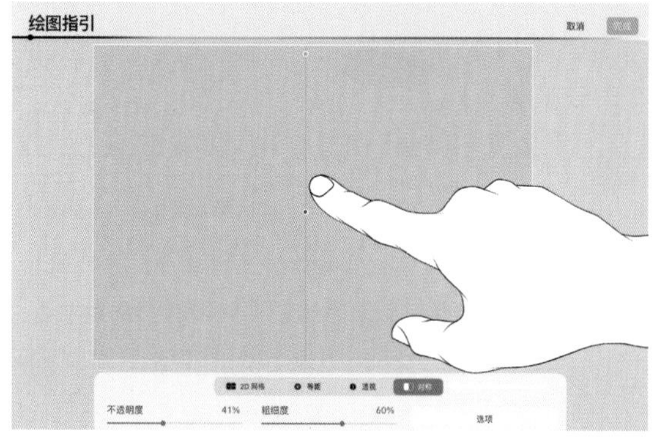

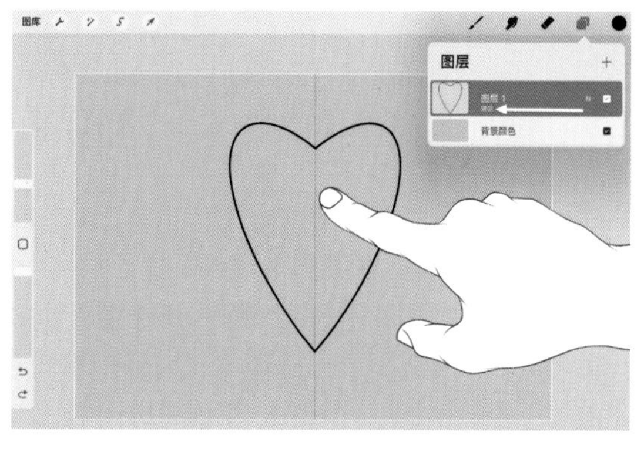

1.4 常用笔刷

点击画布右上角的画笔图标，即可以浏览 Procreate 自带的画笔库，“画笔库”相当于画笔类别，向上或向下滑动，点击想要使用的画笔类型，选择需要的笔刷即可。

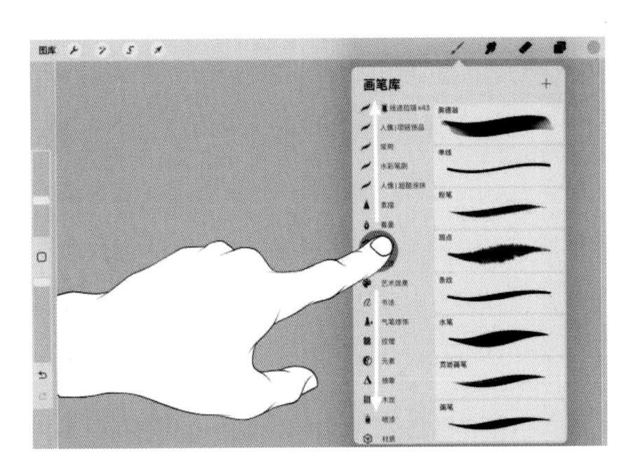

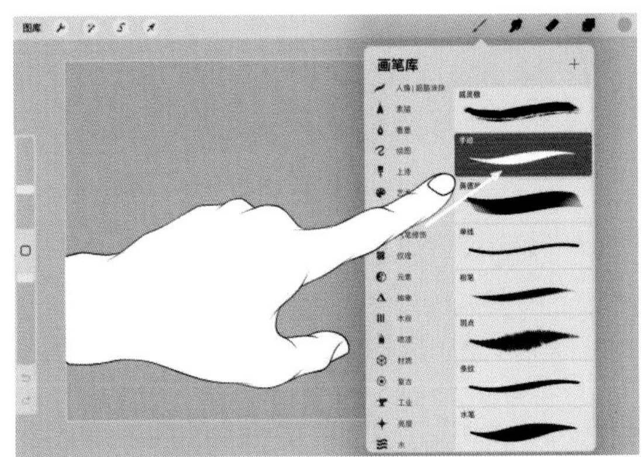

在服装款式设计中，线稿需要尽可能做到干净洗练，因此，绘制画笔也要尽可能的干脆利落。在本书草稿绘制中，常用画笔为 Procreate 铅笔；在款式图线稿绘制中，常用画笔为“书法 - 手迹”和“填涂”；在效果图线稿中，常用画笔为“水彩 - 勾线”。

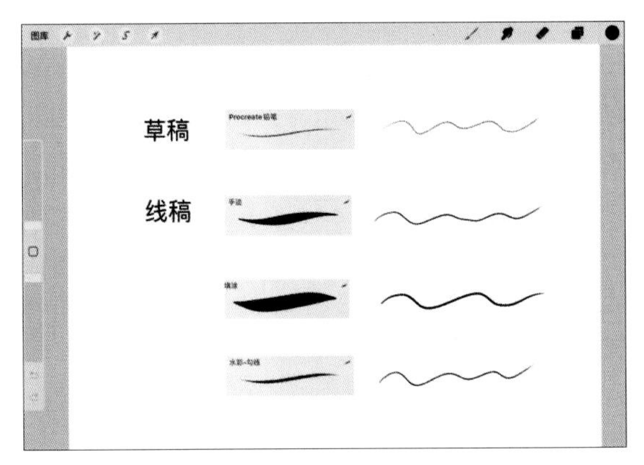

上色画笔主要用于效果图着色，常用画笔分为以下 4 个，“水彩平涂”用于画完线稿之后的第一遍基础色彩平涂；“浅水彩”用于大面积或局部上色，表达水彩的通透感和呼吸感；“深水彩”用于塑造效果图的明暗效果，既可以单独使用，又可以多层叠加使用；“背景”顾名思义，用于效果图的背景氛围营造，主要作用为突出主体。点缀画笔用于整个效果图绘制完成后的意境添加，常用画笔为“水彩洒点”。

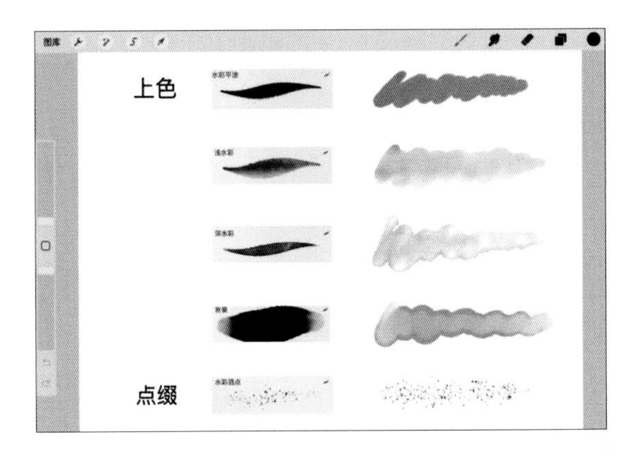

无论是 Procreate 的数码软件类型的手绘，还是传统意义的纸质手绘，都离不开线条的练习，因此，可以从最容易上手的“写字”开始，先熟悉 Pencil 的压感，找到一定手感之后，开始练习简单的排线，然后再从平面构成入手，进行大量的线条控笔练习。此处用到的画笔为 Procreate 自带画笔：“书法 - 手迹”，画布大小为 A4 尺寸（210 毫米 ×297 毫米）。

除此之外，还需要循序渐进地进行大量的临摹练习，这样，控笔能力才会逐步提高。当然，也可以有意识地进行一些局部款式图的临摹，如口袋、领子、肩袖等的局部款式设计，更有利于接下来的服装款式设计和创作。

1.5 色块填充

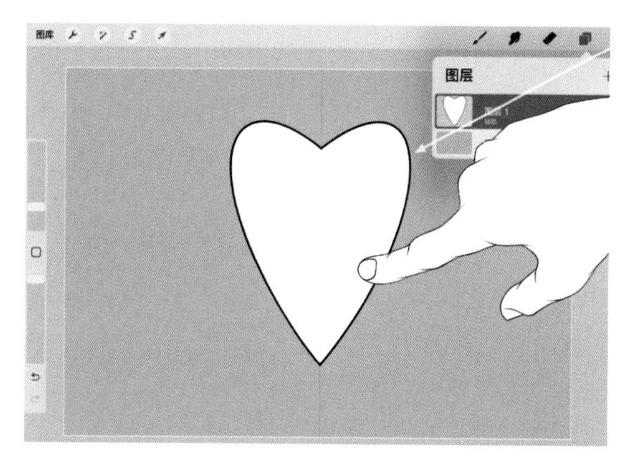

直接拖曳着色：使用该功能，要满足线稿需要着色的部分是一个封闭的图层空间。将 Pencil 移至右上角画布框的“颜色”选项，选择需要的颜色，拖至画布需要着色的封闭画面并松手，即可实现直接拖曳性着色。

新建图层着色：选择任意一个实心笔刷，放在线稿图层的下方，并重命名图层为“着色”，用画笔涂满需上着色区域的外轮廓使之成为一个封闭图层，将Pencil移至右上角画布框的“颜色”选项，选择需要的颜色，拖至画布需要着色的封闭画面并松手，即可实现拖曳性着色。

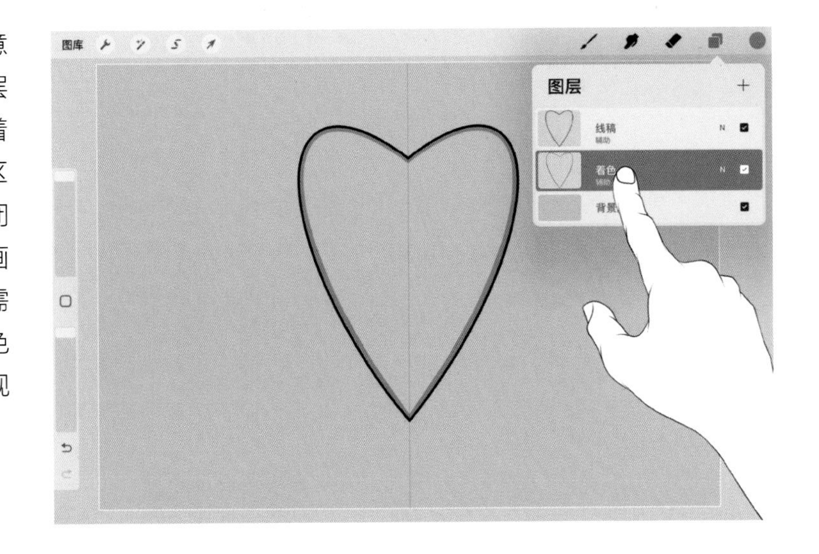

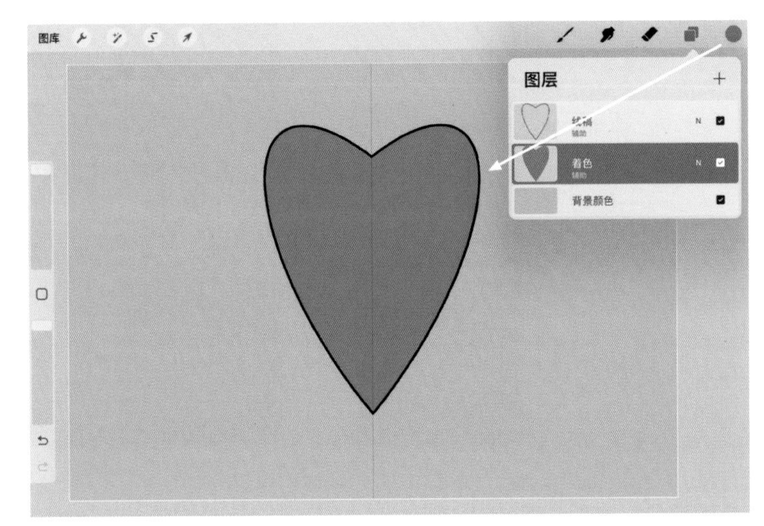

使用参考功能着色：使用该功能，要满足线稿需要着色部分是一个封闭的图层空间。首先，单击线稿图层，找到左边新出的弹框，点击参考，再新建一个着色图层，选择想要的颜色拖到需要着色的部分并松手，即可实现参考功能的着色填充。需要注意的是，如果后续不再在该线稿图层上着色，需要关闭“参考”功能，以免后续图层着色仍旧以该线稿为参考着色，从而影响画面。

注意使用第1种方法时，直接拖曳着色和线稿都在同一个图层，在绘画过程中要灵活使用，避免后续绘画出现问题。

第2章

服装设计款式图局部

在服装设计中，款式图的局部绘制非常重要，它是设计者反复推敲和考究的结晶，也常常是整个设计的亮点和视觉中心，因此，在绘制局部款式图时，要把握整体与局部的形式美原则，方能产出一个好的设计。

2.1 衣领款式设计

衣领，是一套服装的重要组成部分，同时也是视觉的亮点，因此，在绘制衣领时，要根据不同的款式设计相应的领型。

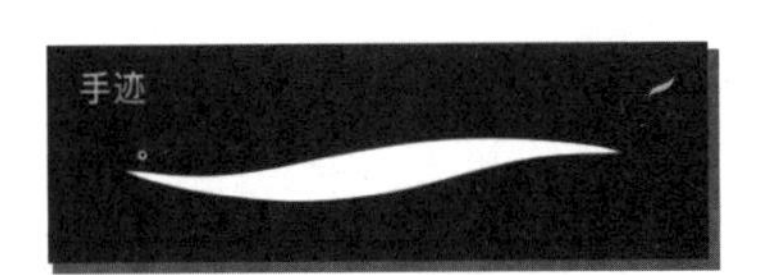

这是一款偏造型的围裹性装饰领型。在绘制这款衣领时，要注意衣领蝴蝶结系带的前后结构关系。在绘制的过程中，按照放人体模板、勾勒出衣领草图、大轮廓、细节、阴影的步骤循序渐进。

◎设计步骤解析

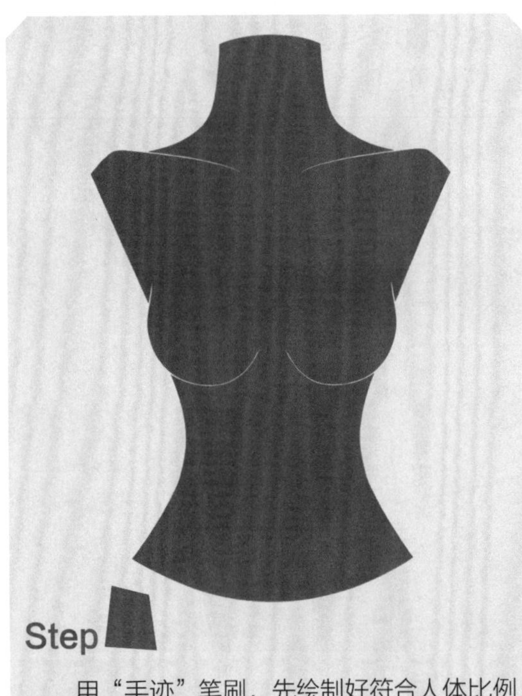

Step

用“手迹”笔刷，先绘制好符合人体比例形态的结构模板。

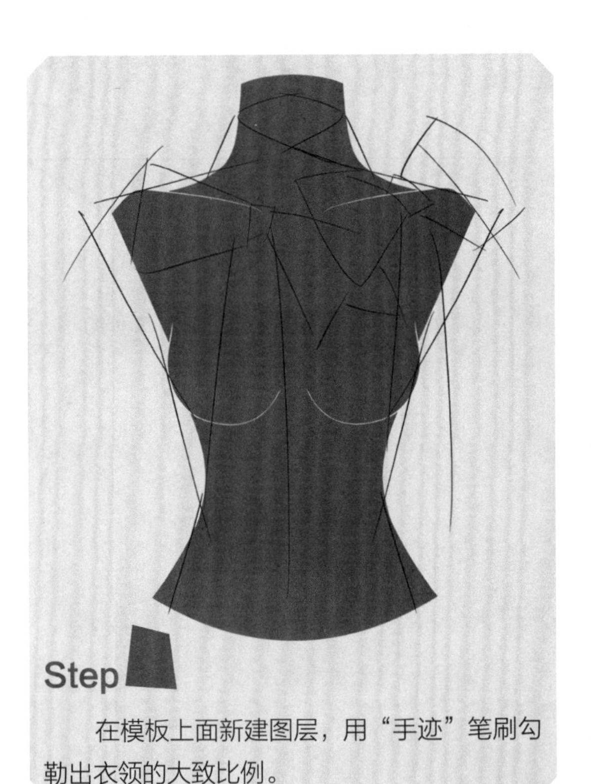

Step

在模板上面新建图层，用“手迹”笔刷勾勒出衣领的大致比例。

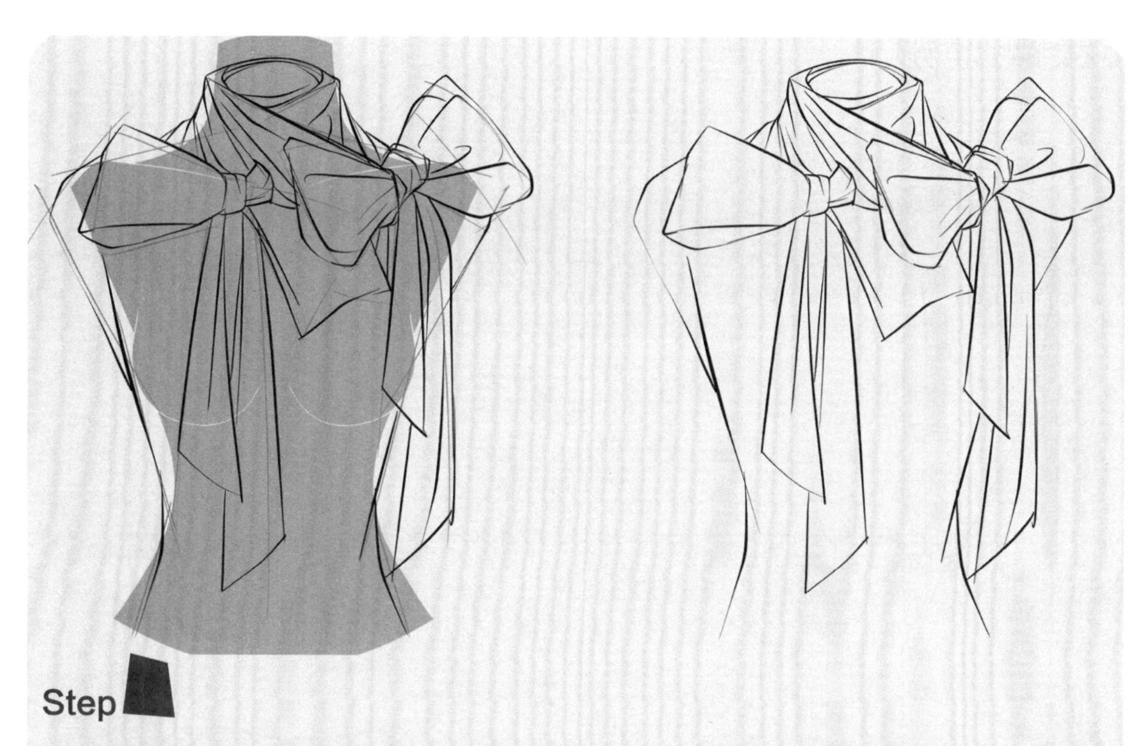

Step

新建图层，降低大致比例的不透明度，在此基础上，快速建立衣领的结构穿插关系，注意蝴蝶结的塑造，关闭人体模板图层。

Step

新建图层，降低之前画好的衣领结构的不透明度，用顺滑的线条勾勒出衣领的外轮廓和内结构线，注意强调蝴蝶结的结构。

Step

新建图层，用拖曳着色或参考功能着色的方法，画出衣领的大致阴影即可。

◎衣领款式范例

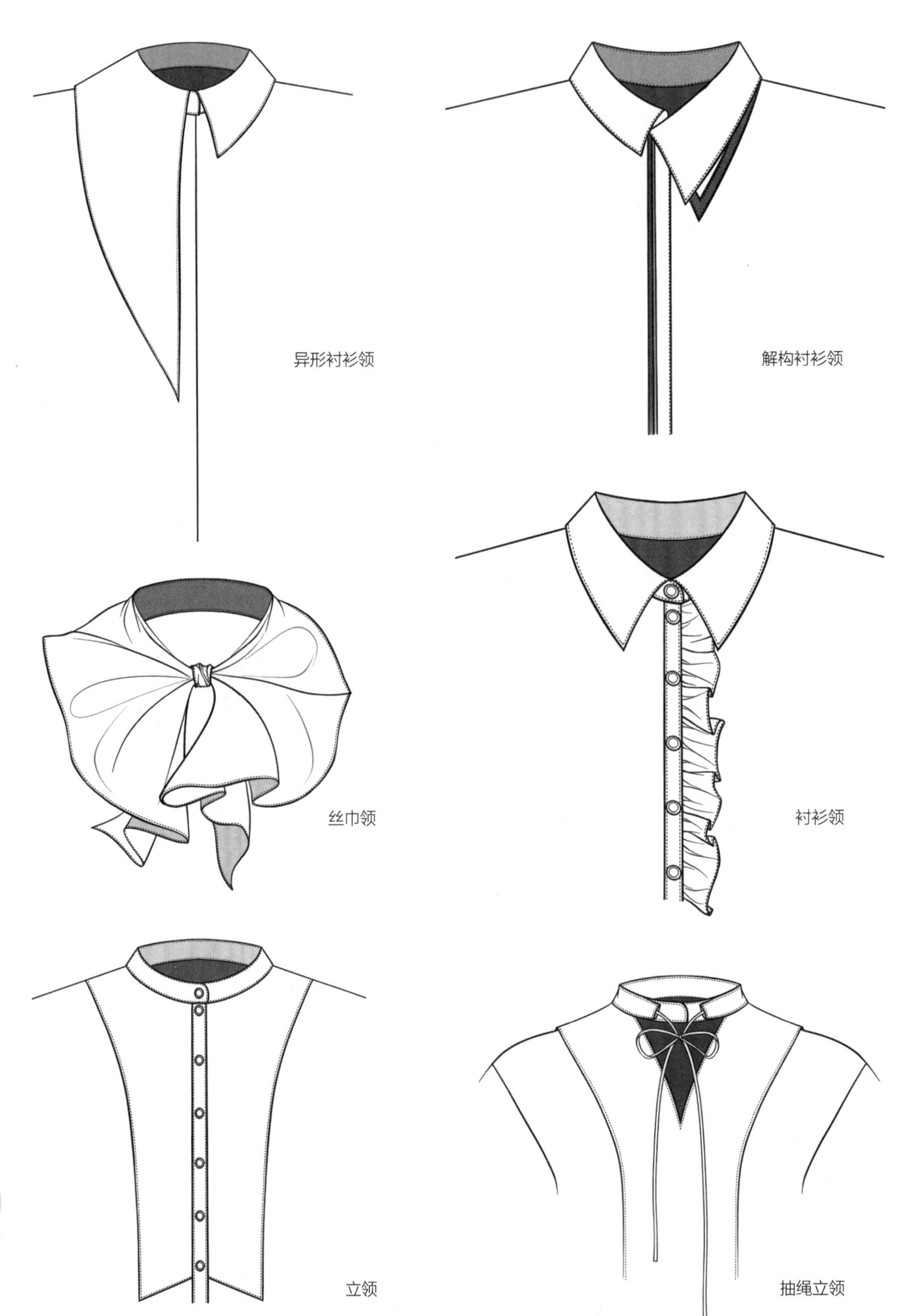

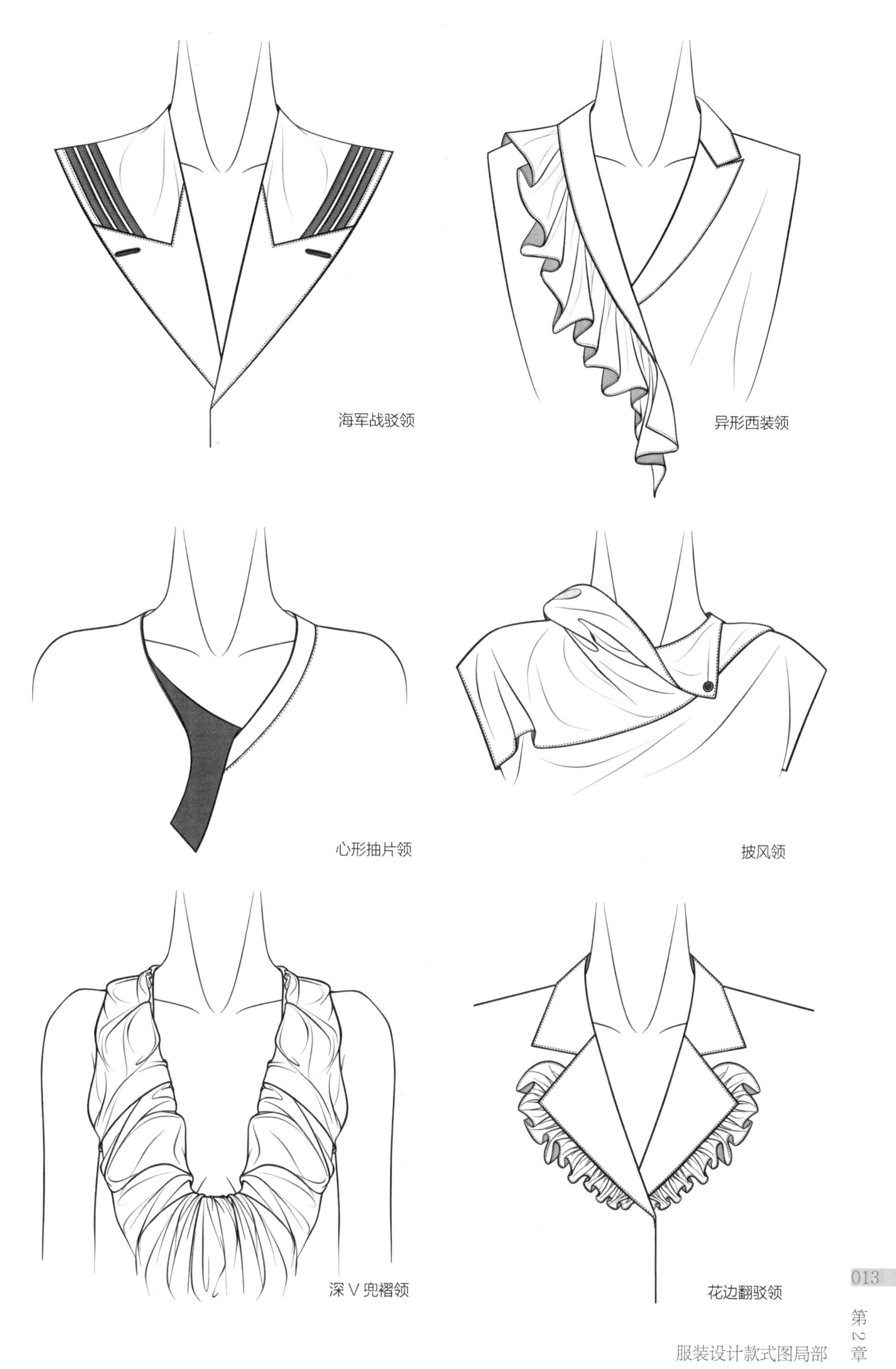
海军战驳领
异形西装领
心形抽片领
披风领
深 V 兜褶领
花边翻驳领

异形娃娃领
假两件叠领
蝴蝶领
花瓣领
飘带穿孔领
刀瓣领
垂带立领
兔耳领

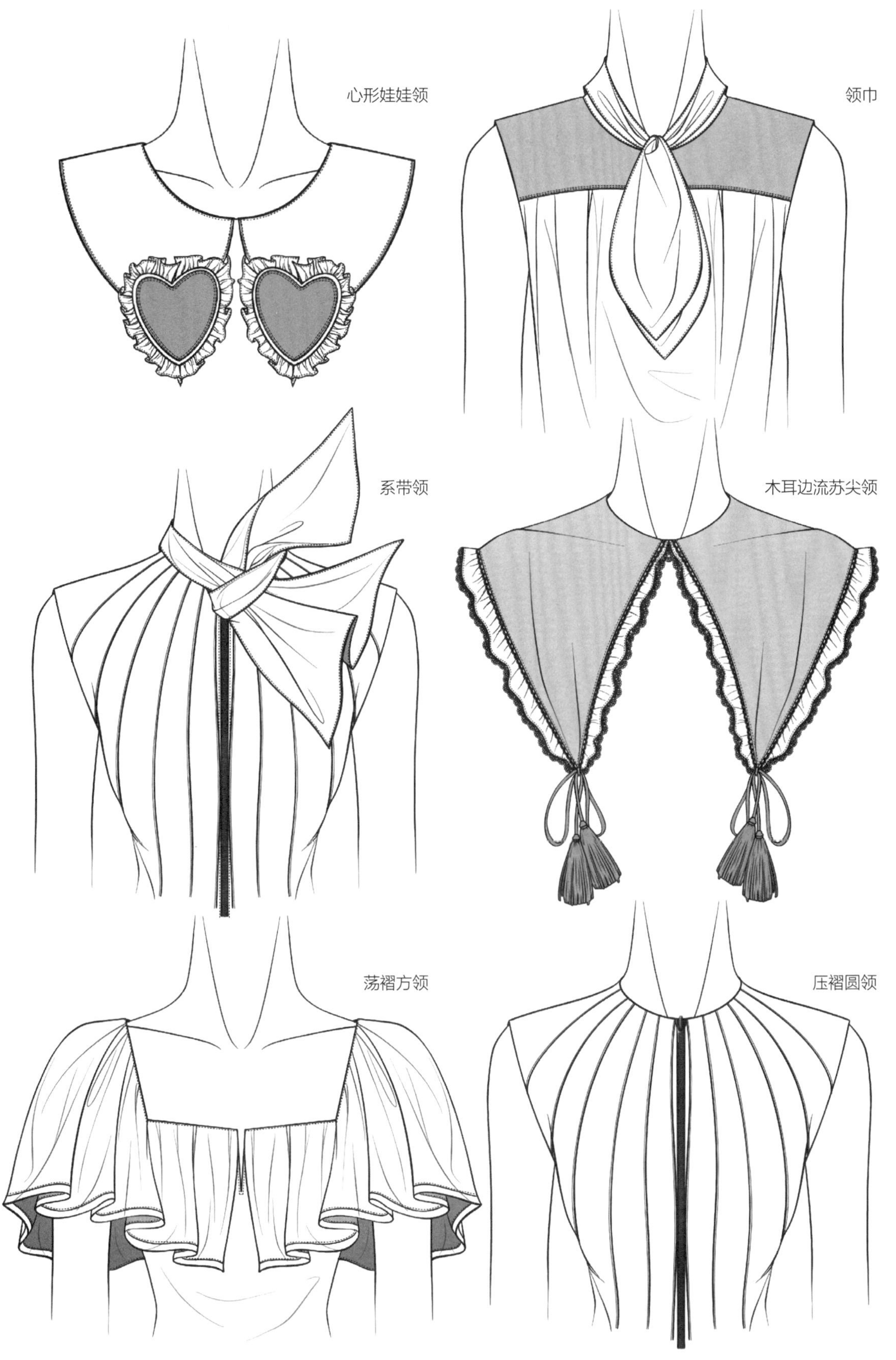
心形娃娃领
领巾
系带领
木耳边流苏尖领
荡褶方领
压褶圆领

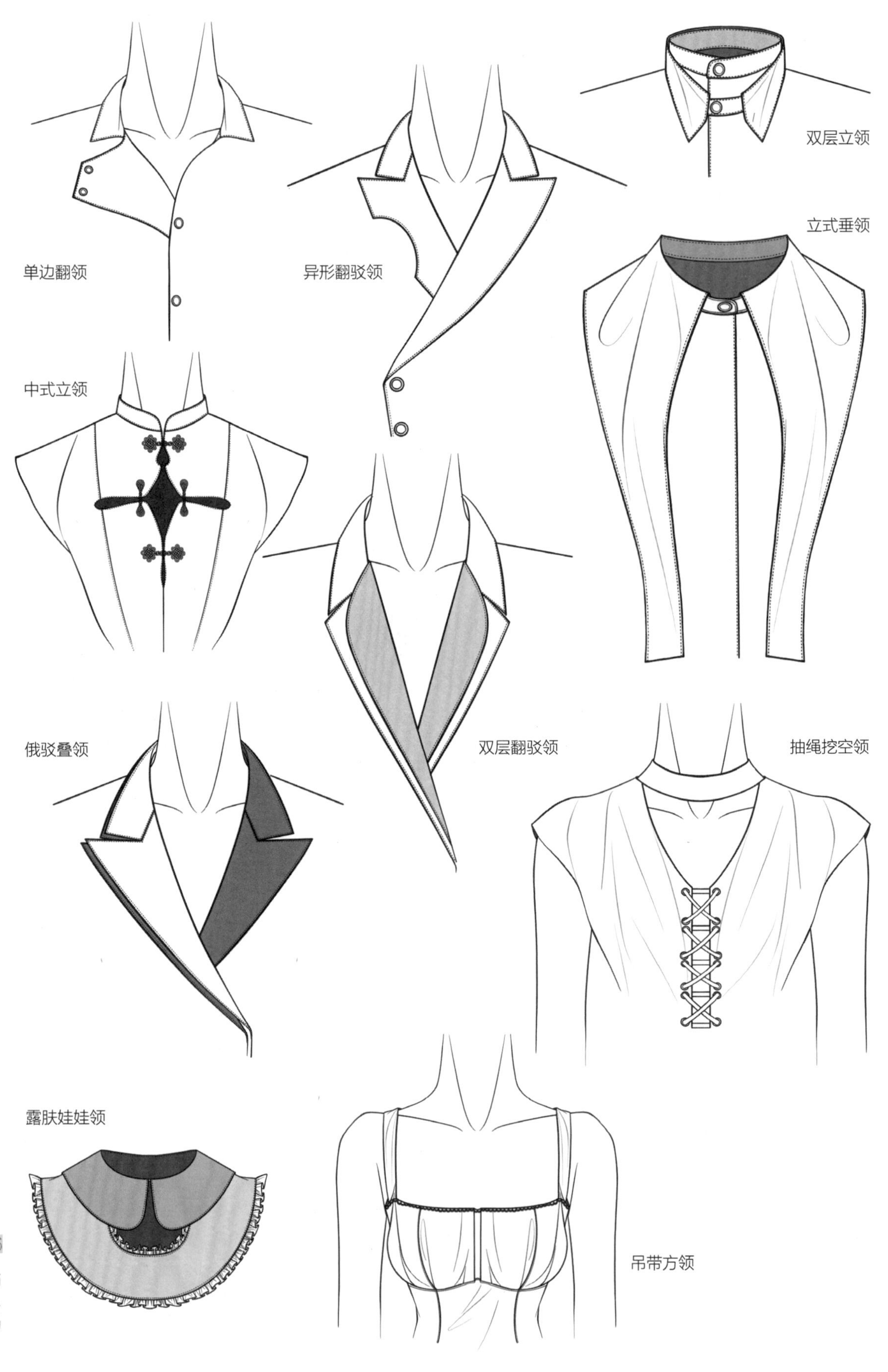
单边翻领
异形翻驳领
双层立领
立式垂领
中式立领
双层翻驳领
俄驳叠领
抽绳挖空领
露肤娃娃领
吊带方领

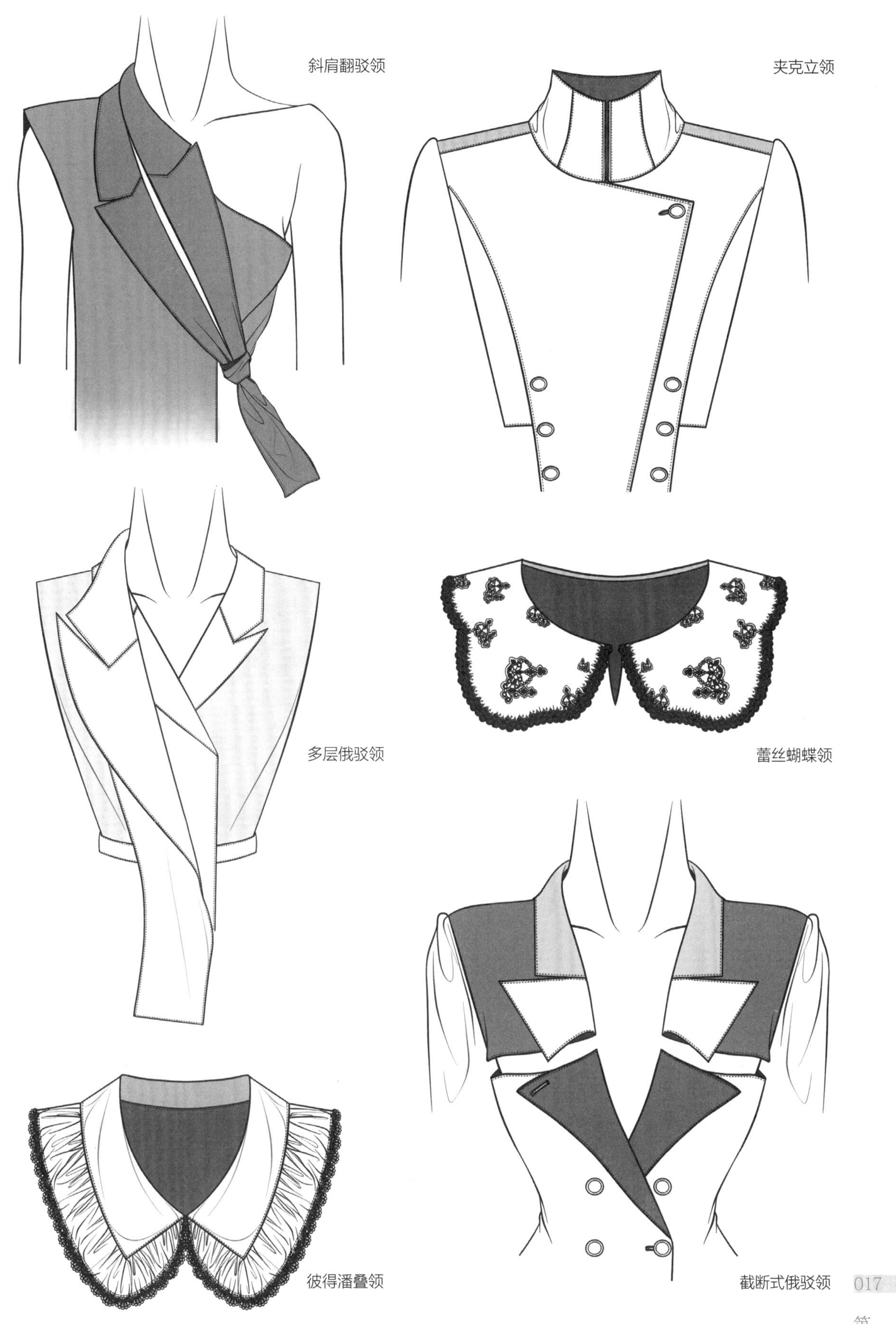
斜肩翻驳领
夹克立领
多层戗驳领
蕾丝蝴蝶领
彼得潘叠领
截断式戗驳领

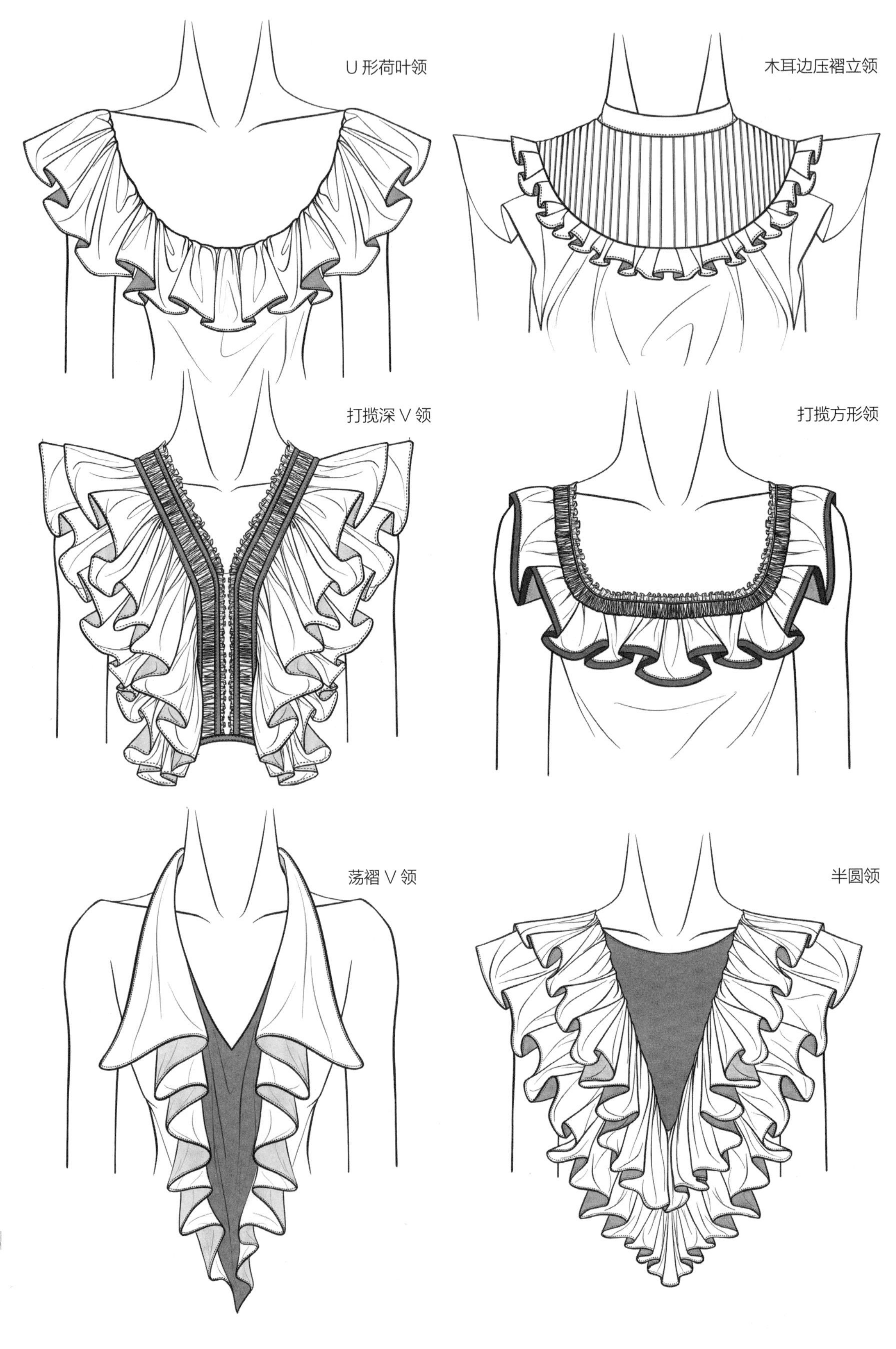
U 形荷叶领
木耳边压褶立领
打揽深 V 领
打揽方形领
荡褶 V 领
半圆领

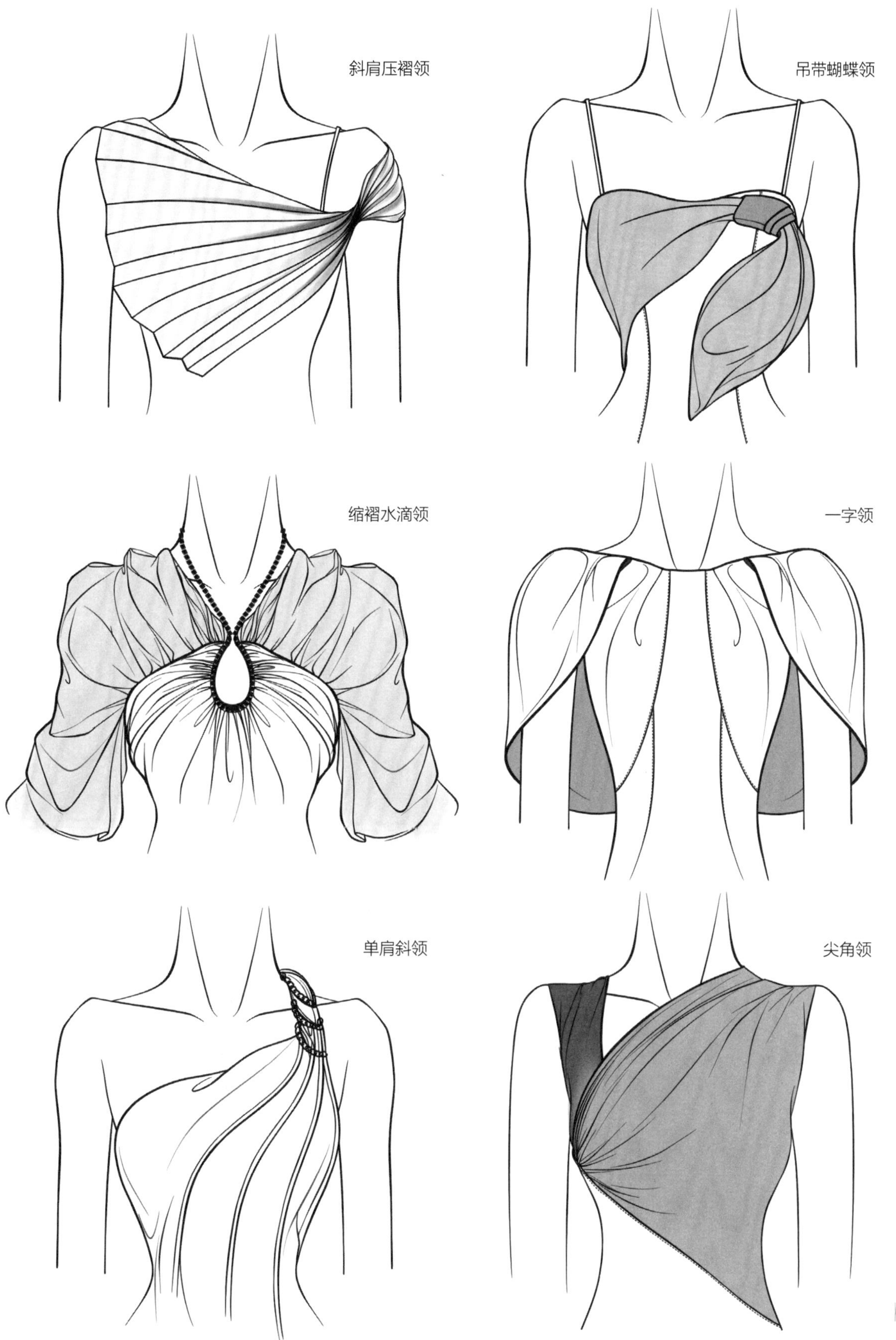
斜肩压褶领
吊带蝴蝶领
缩褶水滴领
一字领
单肩斜领
尖角领

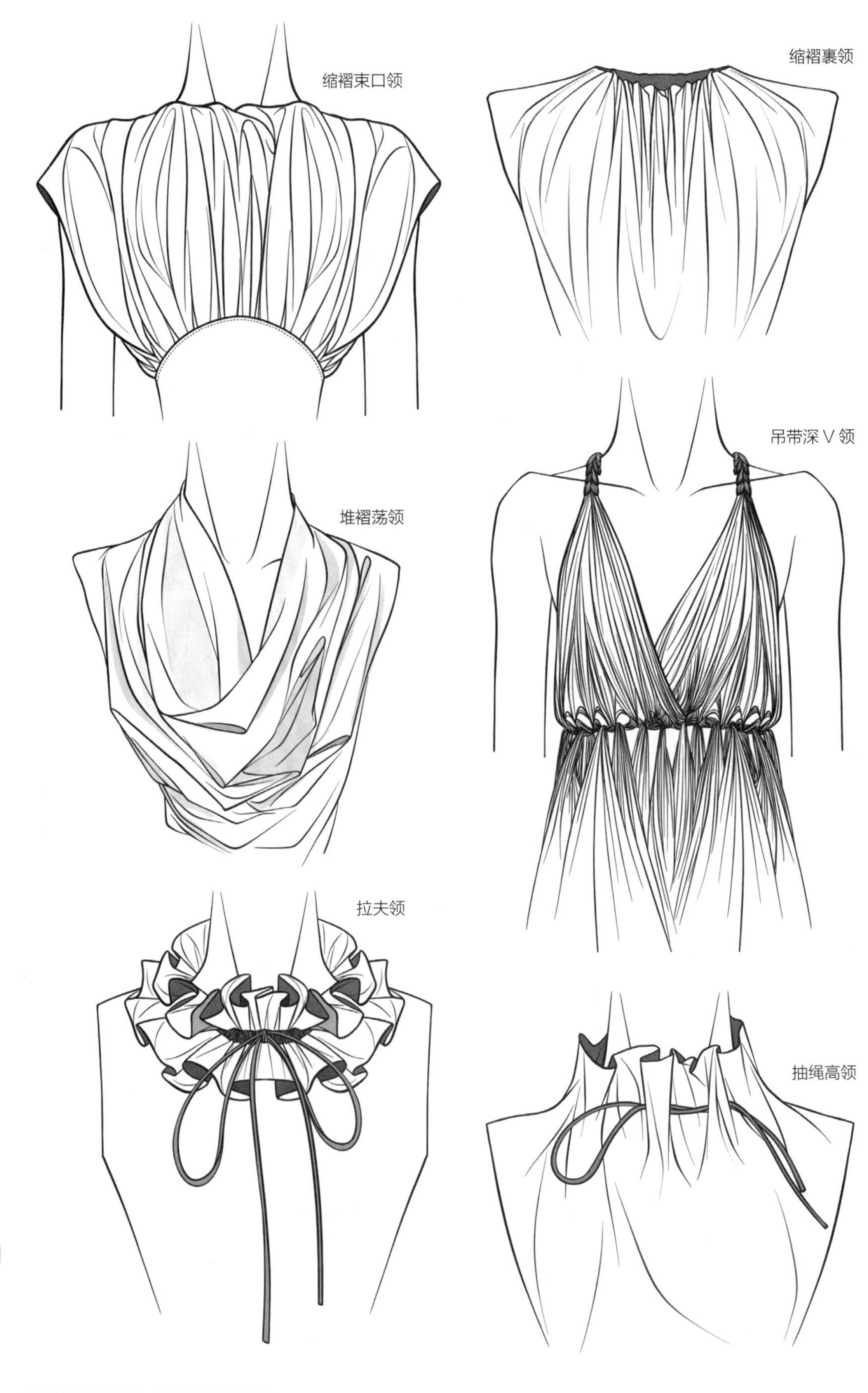
缩褶束口领
缩褶裹领
堆褶荡领
吊带深V领
拉夫领
抽绳高领

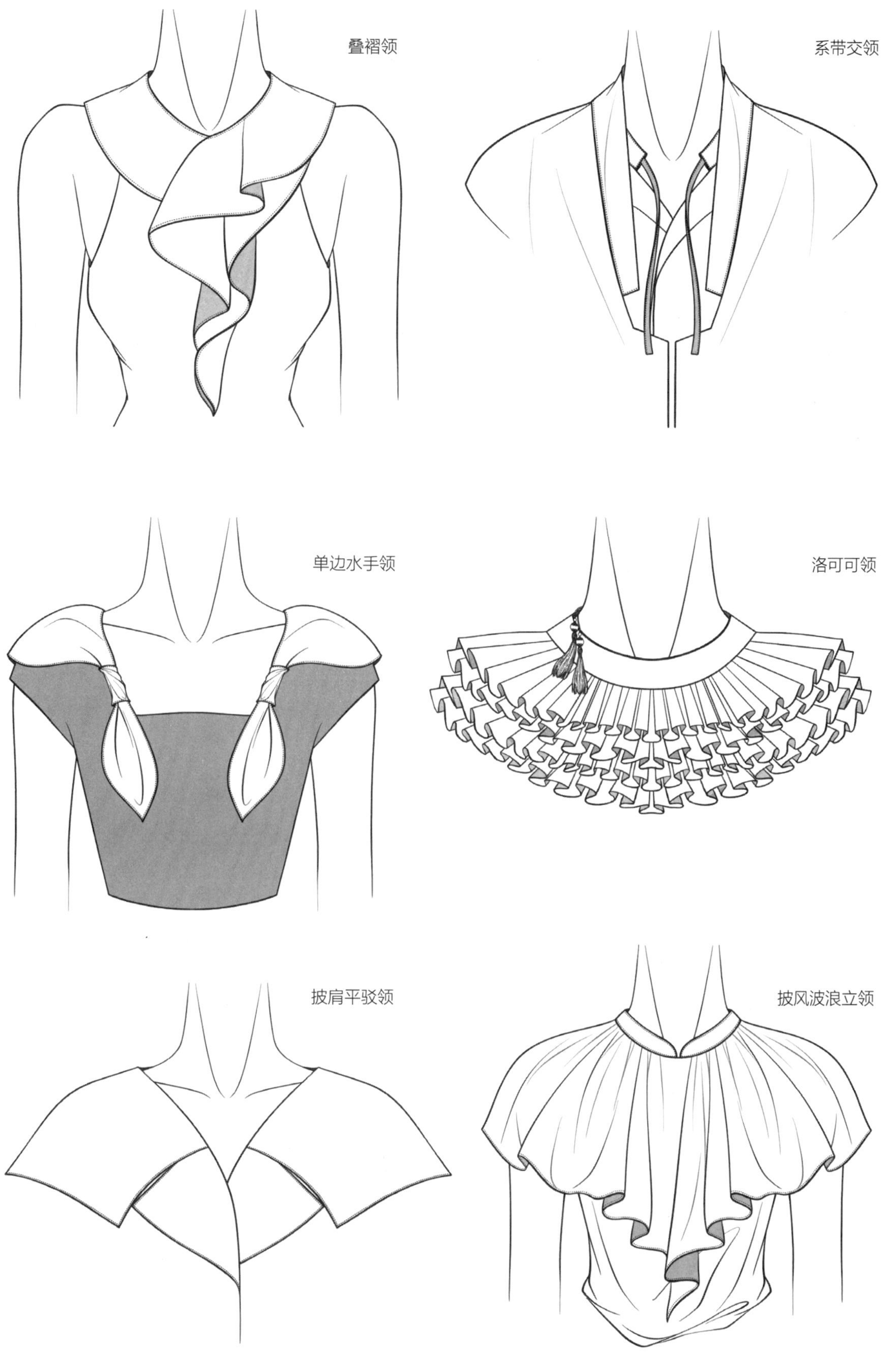
叠褶领
系带交领
单边水手领
洛可可领
披肩平驳领
披风波浪立领

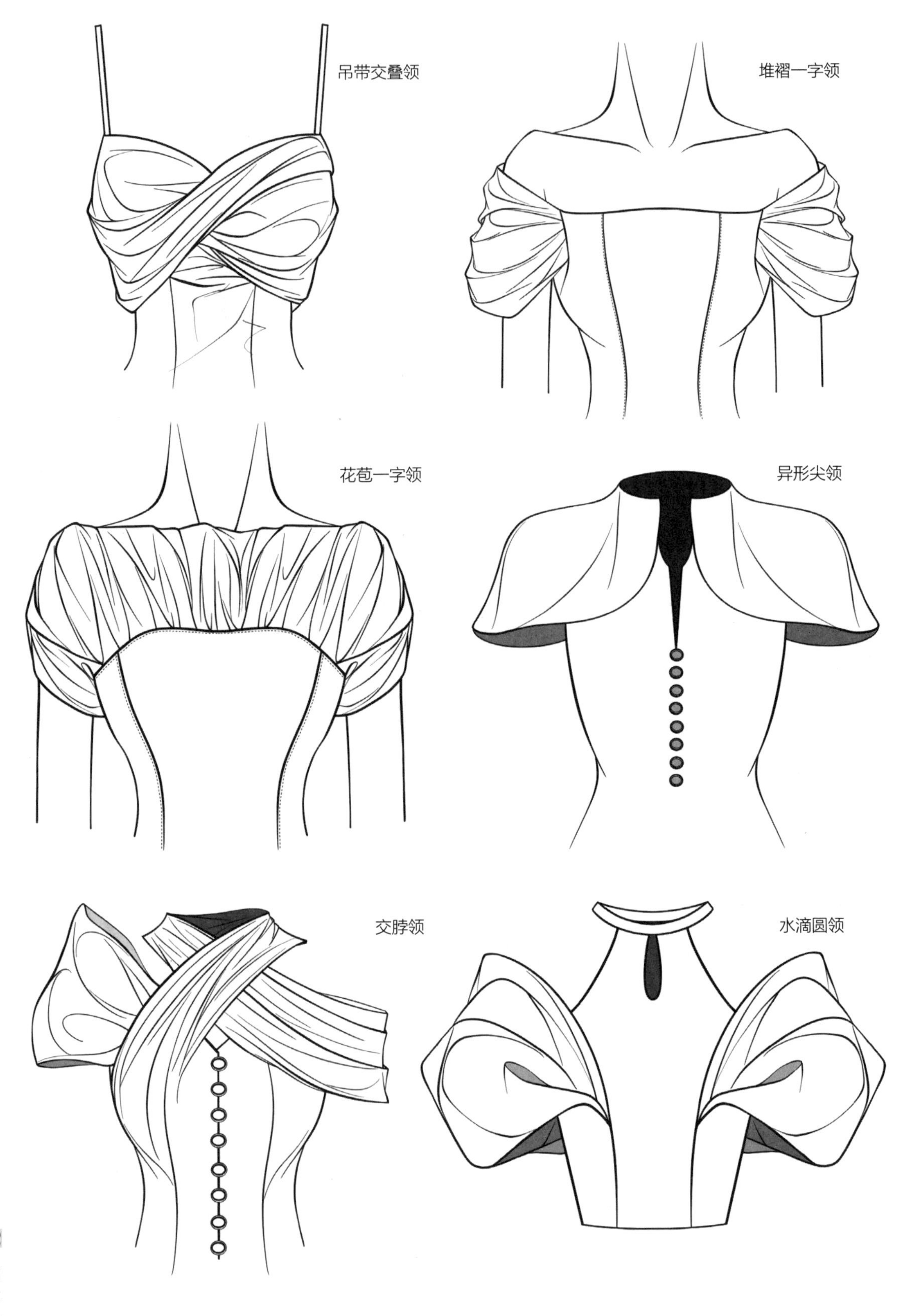
吊带交叠领
堆褶一字领
花苞一字领
异形尖领
交脖领
水滴圆领

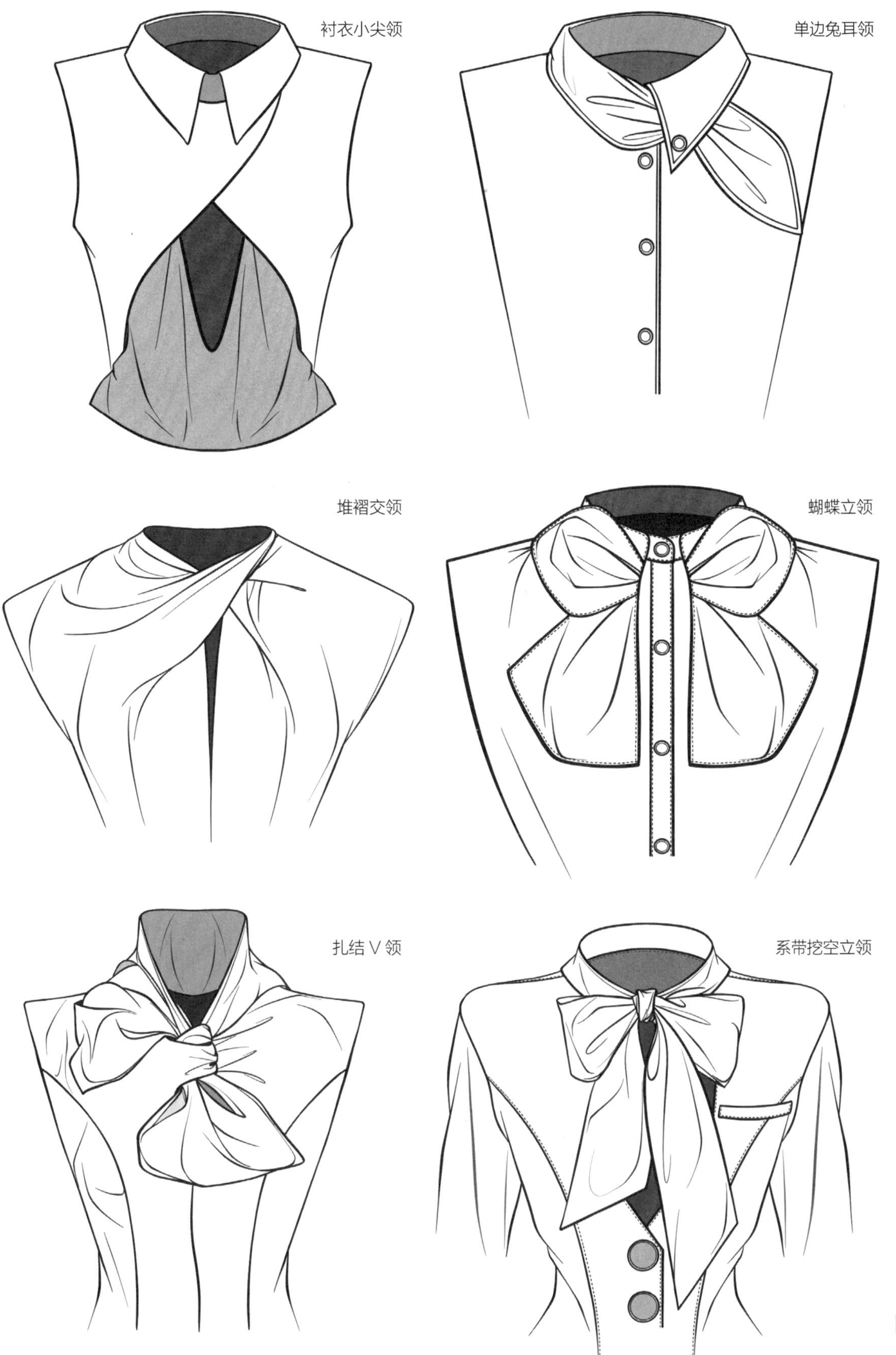
衬衣小尖领
单边兔耳领
堆褶交领
蝴蝶立领
扎结V领
系带挖空立领

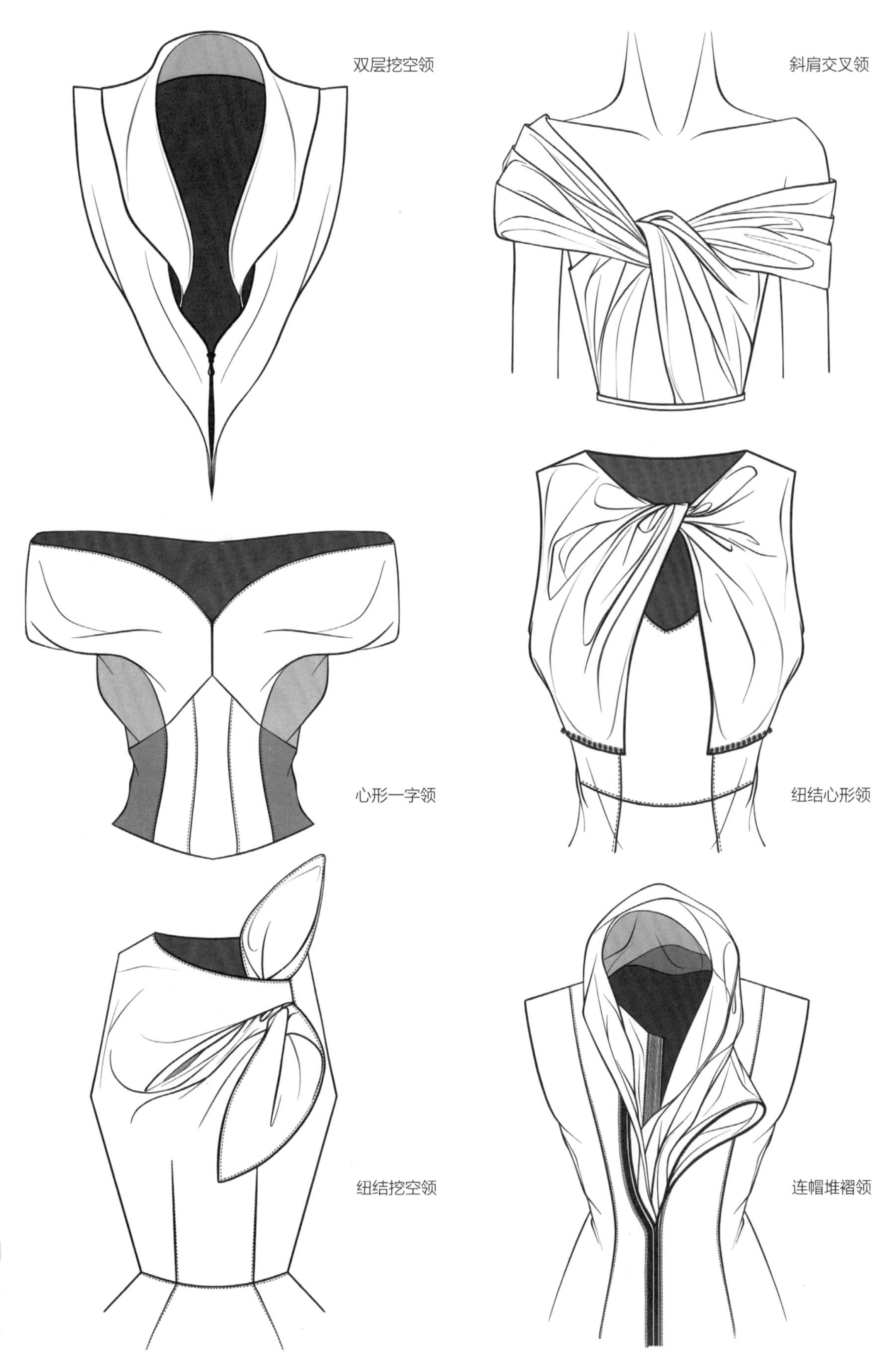
双层挖空领
斜肩交叉领
心形一字领
纽结心形领
纽结挖空领
连帽堆褶领

2.2 腰部款式设计

服装腰部款式设计，通常作为整套服装设计的视觉中心出现，一套完美的腰部设计能达到锦上添花的效果，设计者可以根据服装风格和产品调性，针对其特点进行相应的腰部设计，如提高腰线，或者对腰部做一些造型式的镂空、系带、堆砌、解构的设计，从而达到理想的效果。

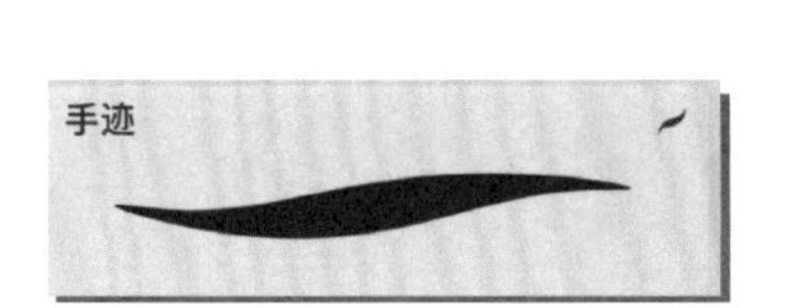

这是一款前腰纽结式的腰部设计，腰部两侧的挖空设计，可以很好地体现女性的腰部曲线，整个设计时尚简约，视觉中心感强。在绘制的过程中，要注意纽结的穿插关系，同时要弱化纽结形成的褶皱，突出重点设计。

◎设计步骤解析

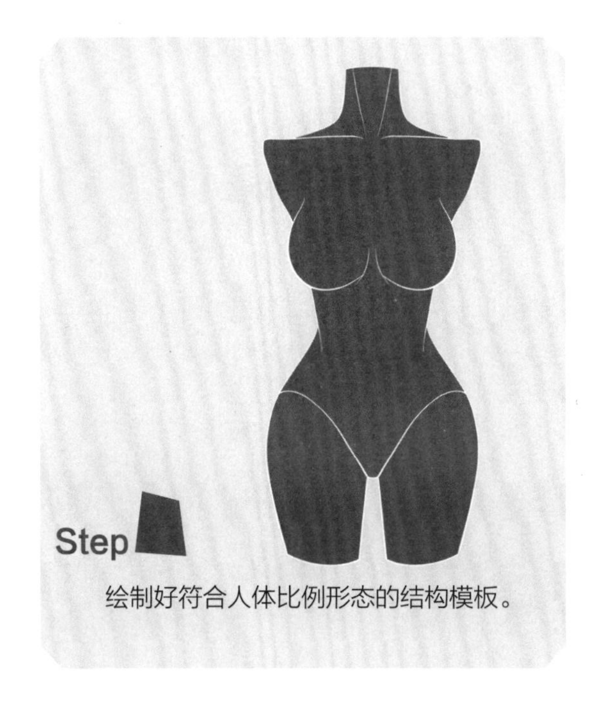

绘制好符合人体比例形态的结构模板。

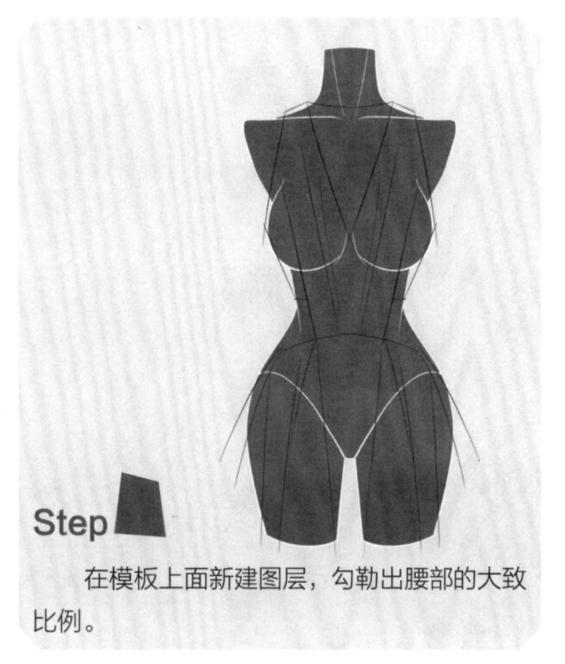

在模板上面新建图层，勾勒出腰部的大致比例。

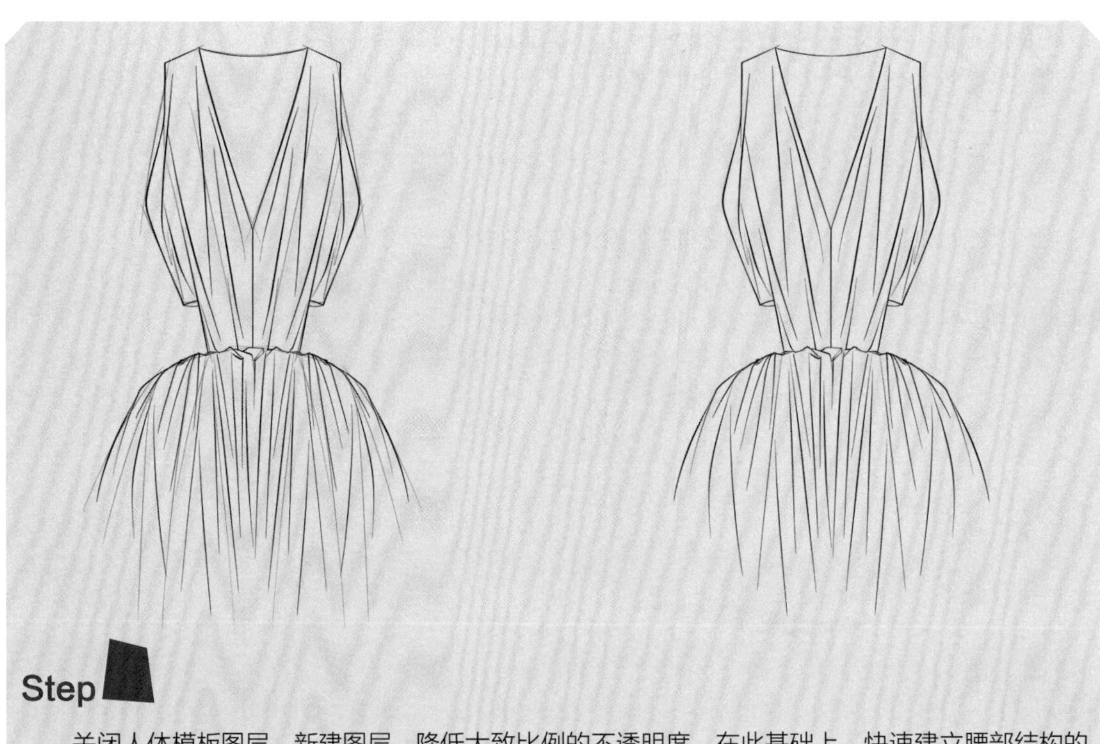

Step

关闭人体模板图层，新建图层，降低大致比例的不透明度，在此基础上，快速建立腰部结构的穿插关系，注意褶皱的走向，关闭腰部设计的大致比例草图。

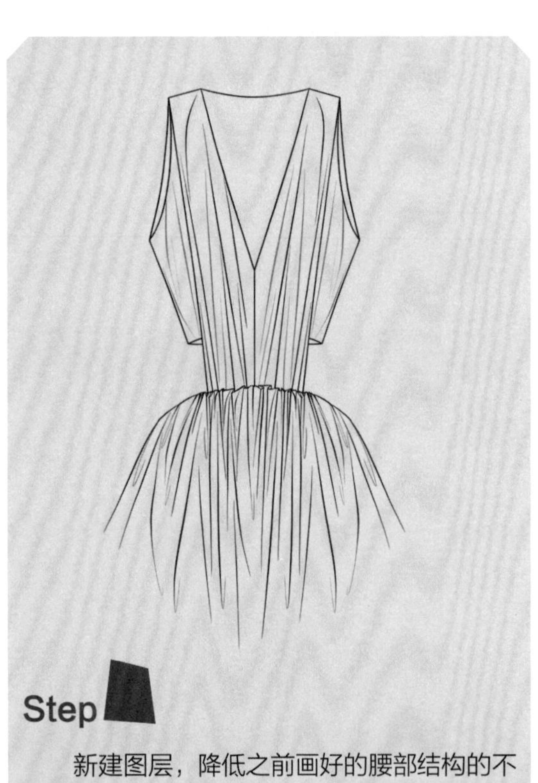

Step

新建图层，降低之前画好的腰部结构的不透明度，用顺滑的线条勾勒出线稿的外轮廓和内结构线。

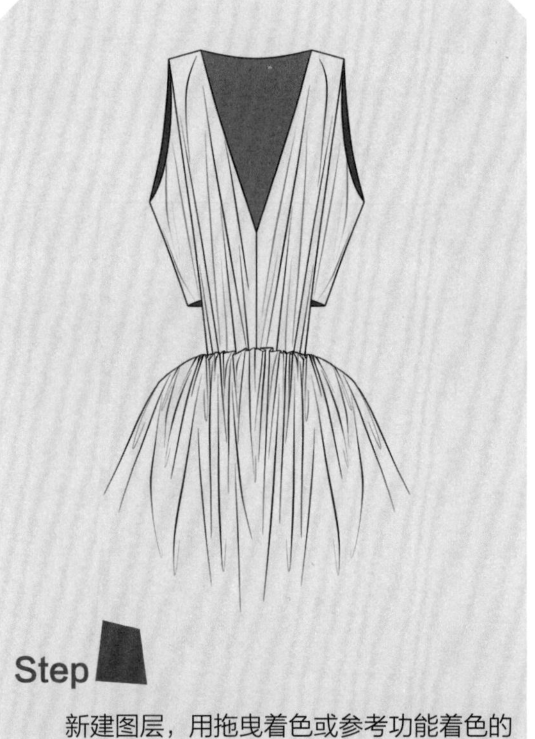

Step

新建图层，用拖曳着色或参考功能着色的方法，画出结构前后关系的大致阴影即可。

◎腰部的款式范例

腰带式束腰上衣
挖空高腰上衣
围绕式系带高腰上衣
堆褶式飘带中腰上衣

齐胸式高腰上衣
飘带式中腰上衣
立体花中腰上衣
解构式中腰上衣

锁扣式中腰裙装
束腰式中腰上衣
飘带式中腰上衣
镂空式中腰裙装

2.3 衣袖款式设计

衣袖款式设计是服装的重要构成部分，其造型通常是改变服装风格的关键设计。从结构上看，衣袖一般由袖山、袖身、袖口 3 个部分组成。袖山是以衣身和袖子在结构上做的设计，按照袖山设计可以分为装袖、连身袖和插肩袖；袖身主要是指袖肥的宽度，按照袖肥可以分为紧身袖、直筒袖和宽松袖；袖口是衣袖中最小的部分，但是由于袖口与手的活动最频繁，因此袖口通常对整体造型起着重要的作用，可分为开放式和收口式两种。

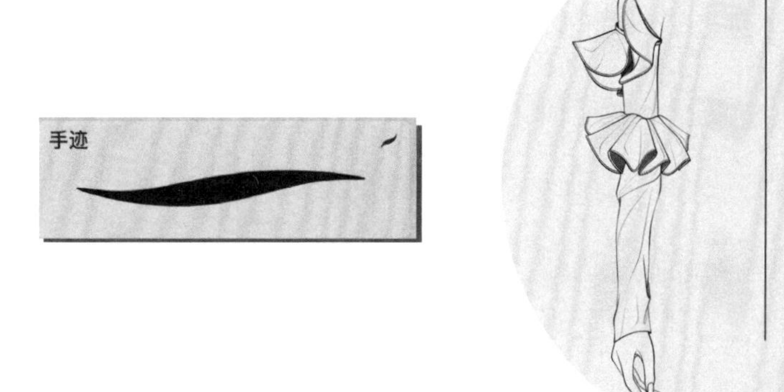

这是一款以荷叶褶为设计焦点展开的衣袖设计，两节式的荷叶褶在视觉上修饰手臂的不匀称，形成上下兼容的流动感，时尚大气。在绘制过程中，要注意荷叶褶的前后穿插关系。

◎设计步骤解析

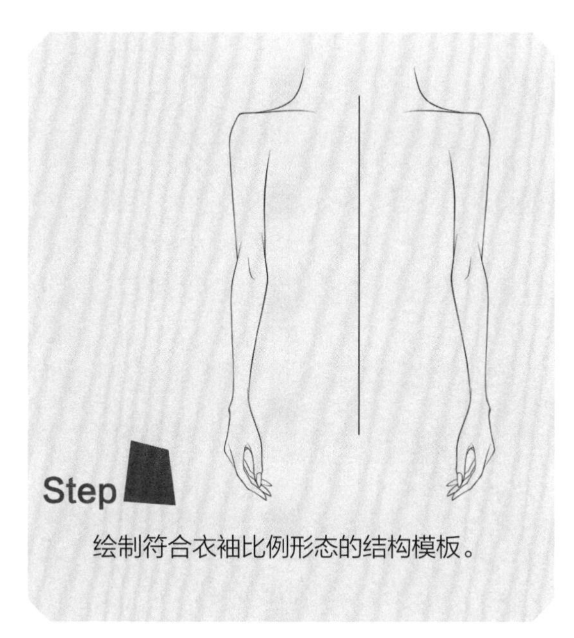

绘制符合衣袖比例形态的结构模板。

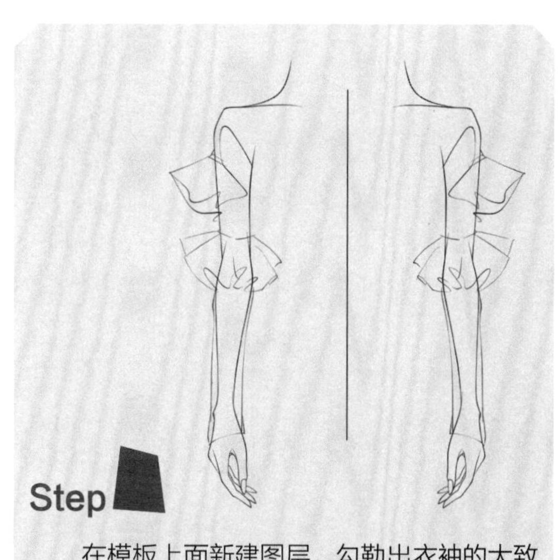

在模板上面新建图层，勾勒出衣袖的大致造型。

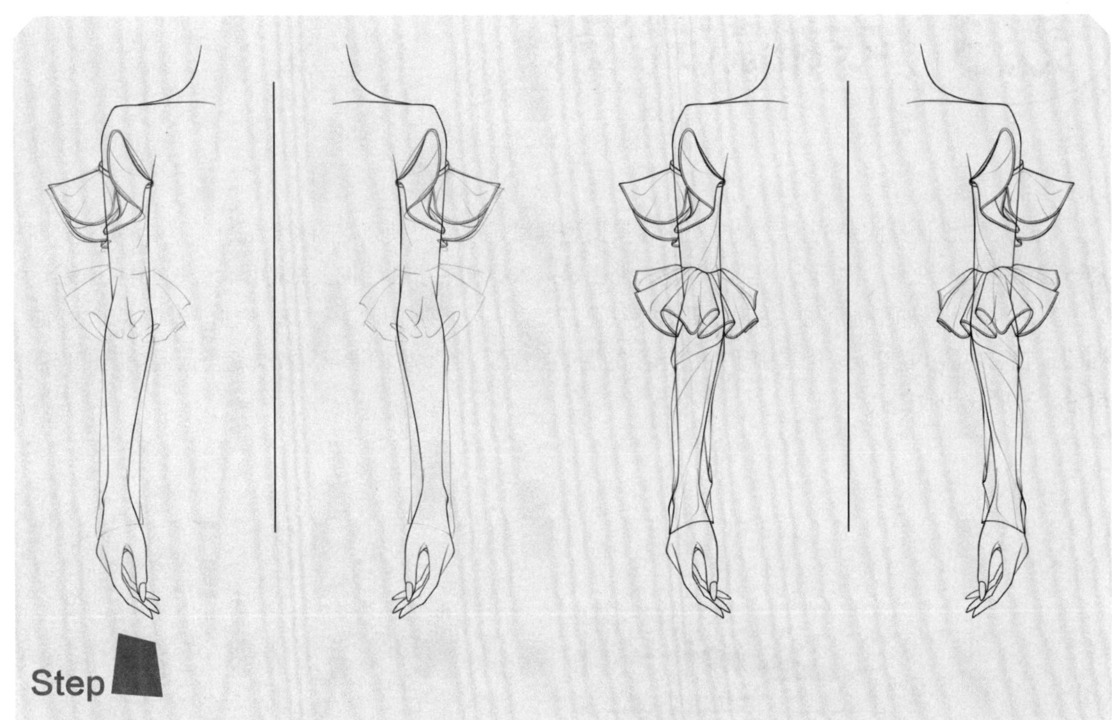

Step

新建图层，降低大致造型的不透明度，在此基础上，快速建立整体设计的大致结构穿插关系，并用顺滑的线条再次勾勒，注意强调衣袖荷叶褶的前后关系。

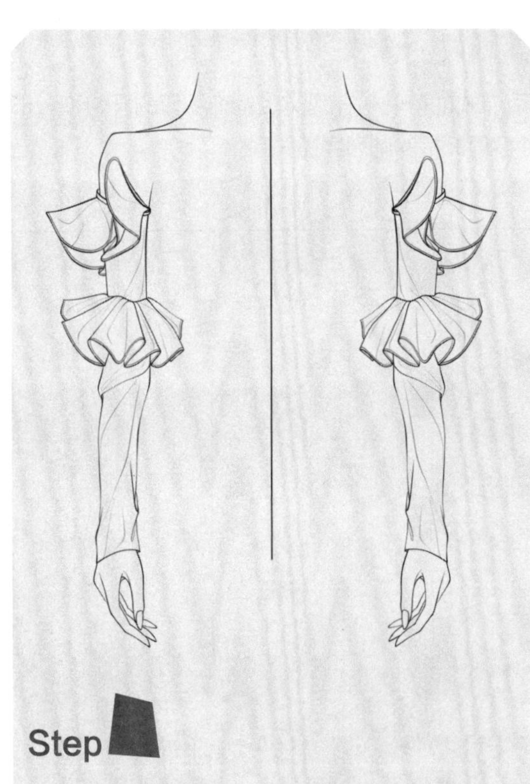

Step

用橡皮擦除被衣袖盖住的衣袖模版部分，完成衣袖款式的线稿。

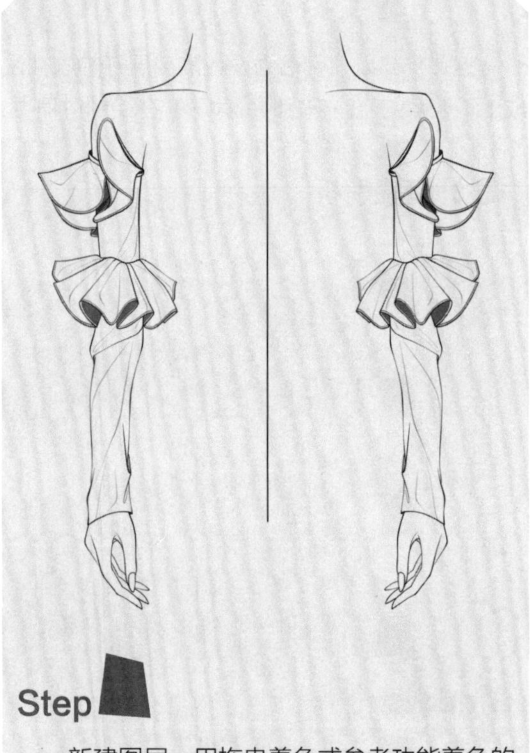

Step

新建图层，用拖曳着色或参考功能着色的方法，画出衣袖的大致阴影即可。

◎衣袖的款式范例

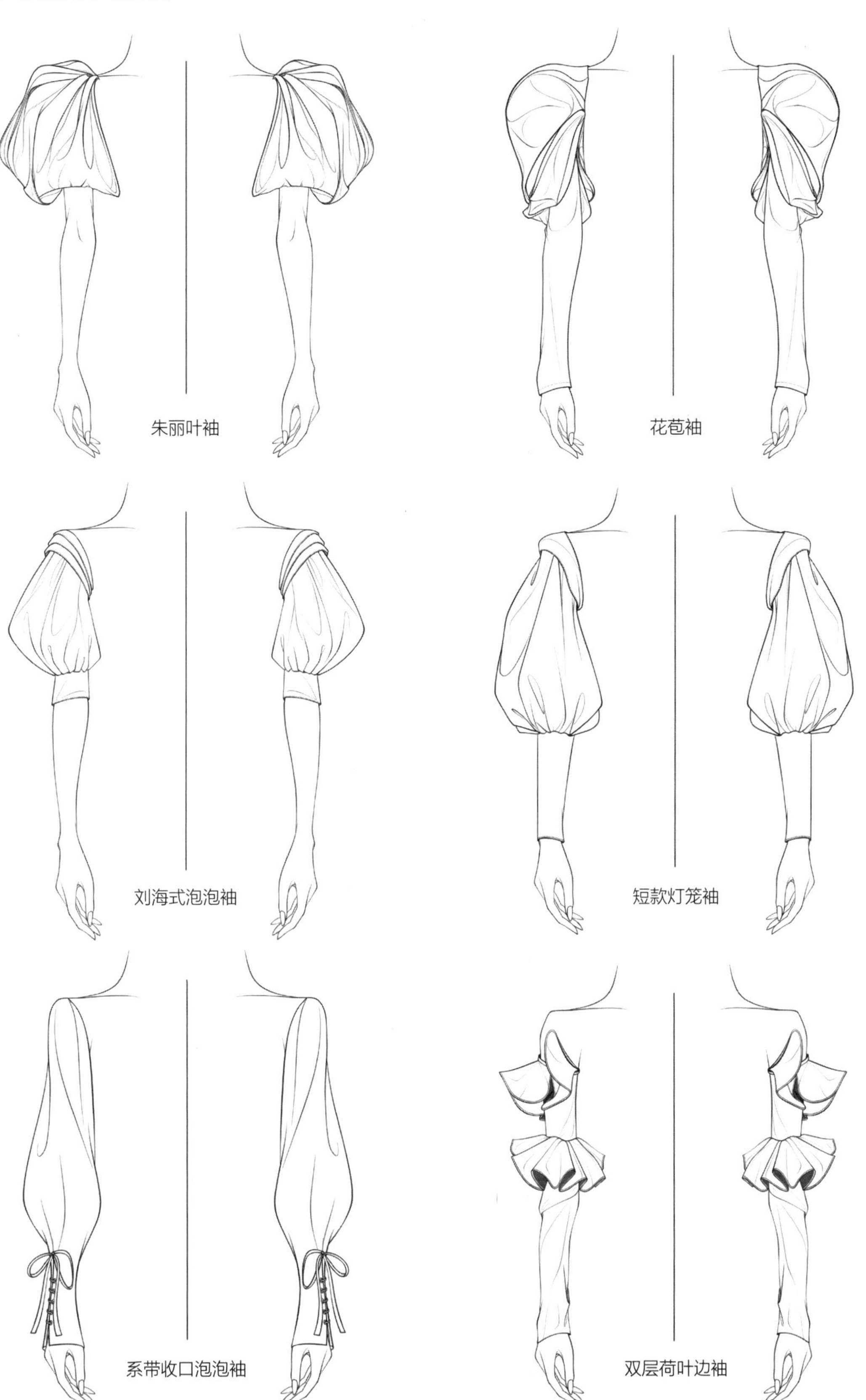

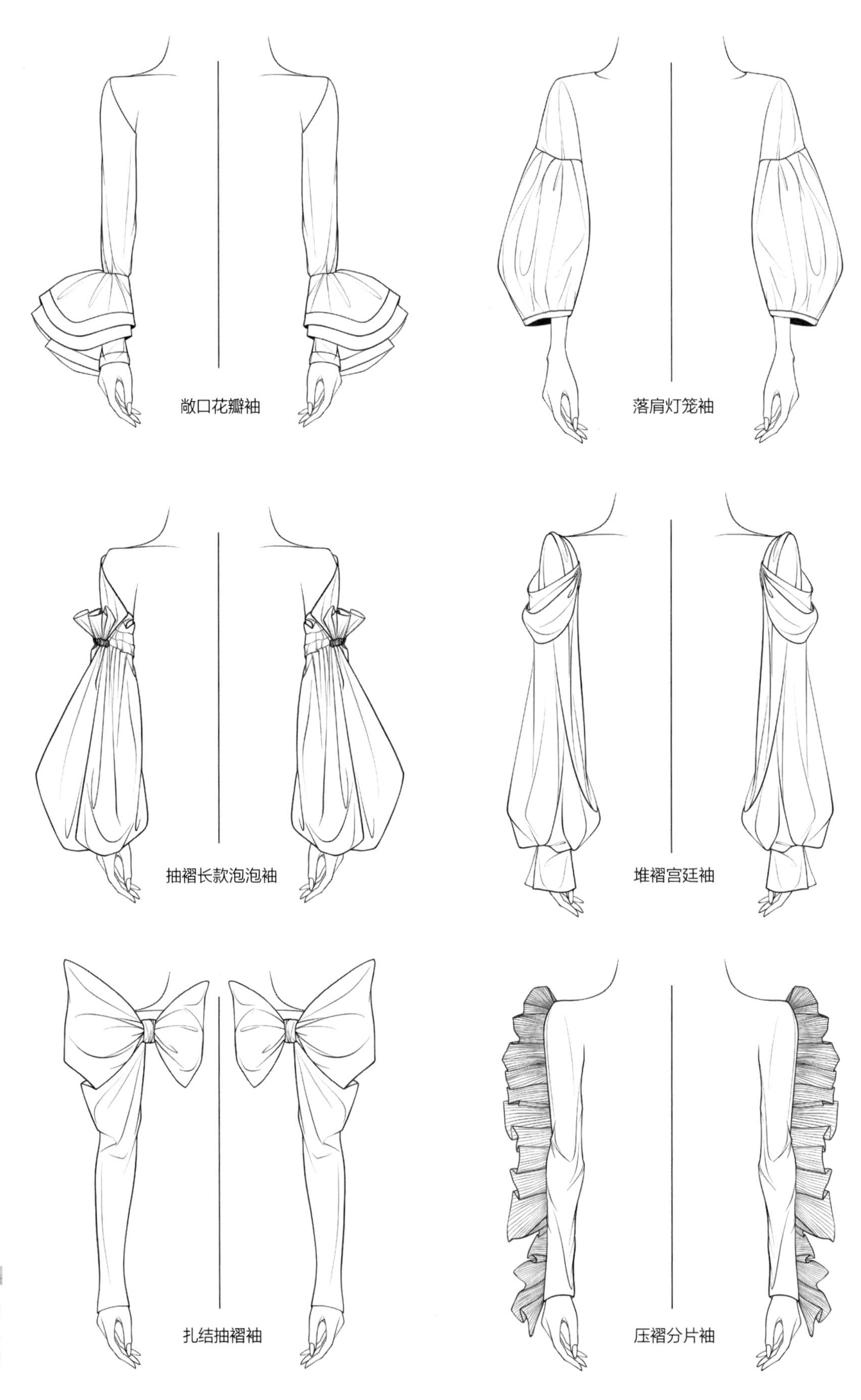
敞口花瓣袖
落肩灯笼袖
抽褶长款泡泡袖
堆褶宫廷袖
扎结抽褶袖
压褶分片袖

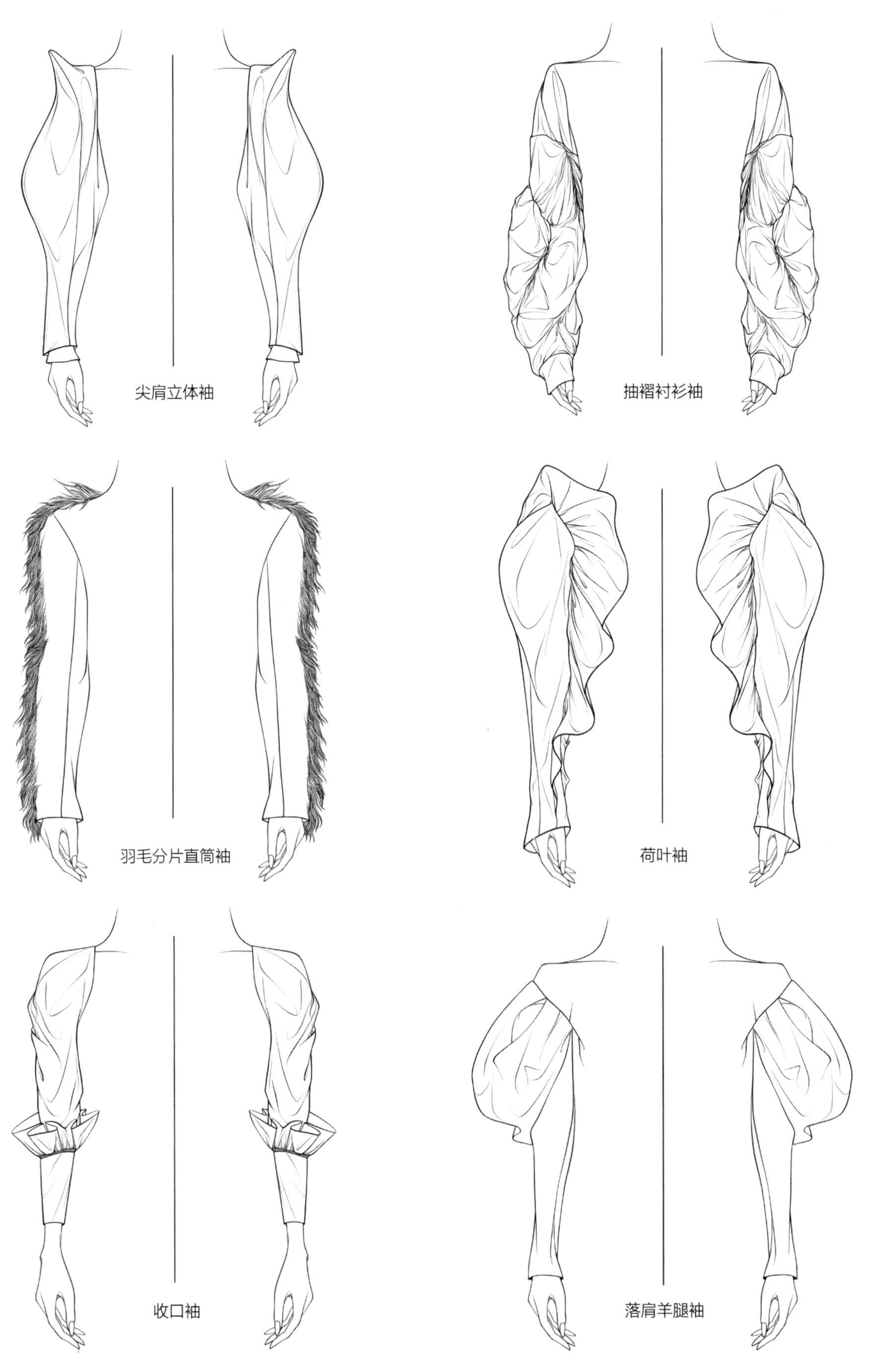
尖肩立体袖
抽褶衬衫袖
羽毛分片直筒袖
荷叶袖
收口袖
落肩羊腿袖

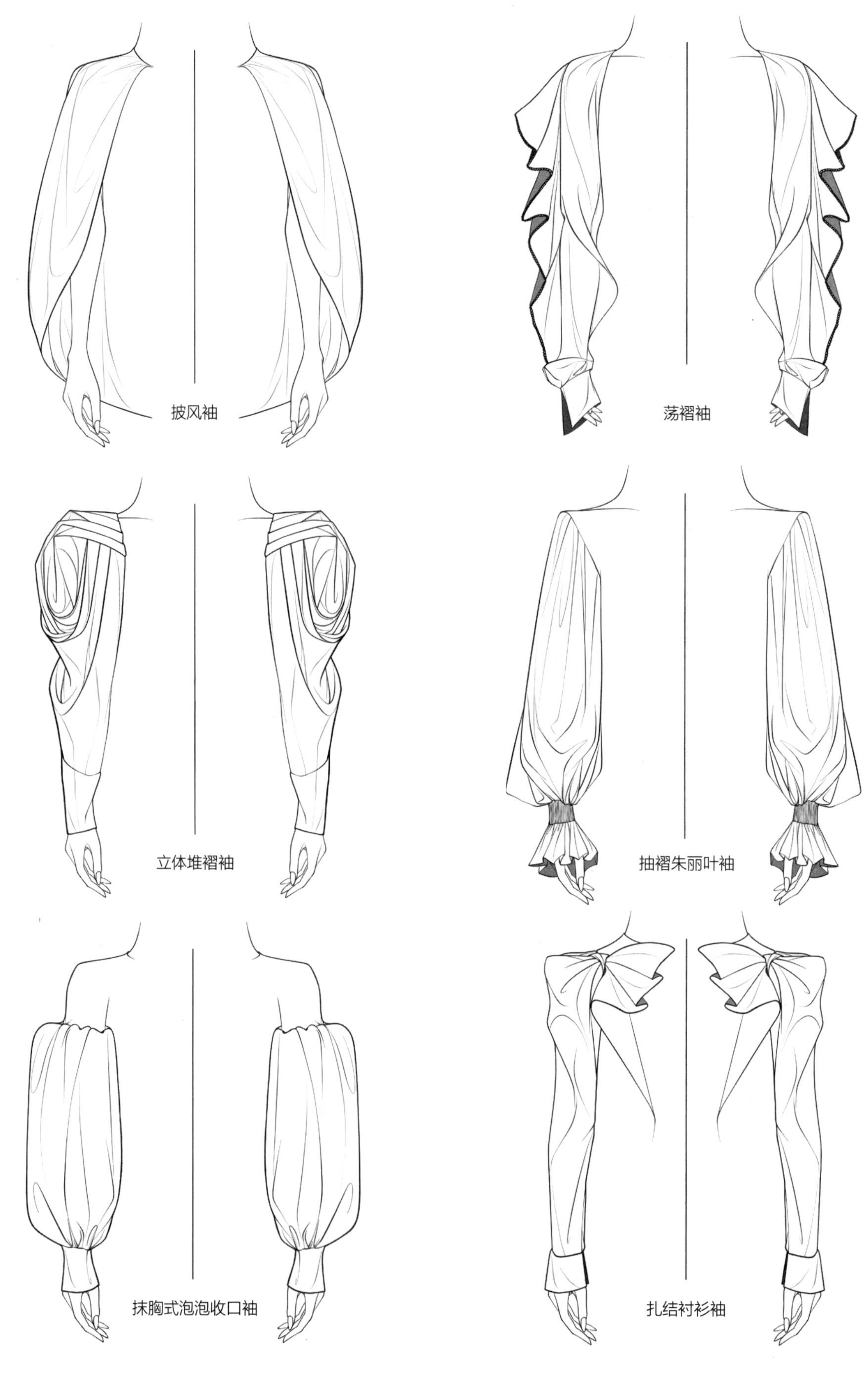
披风袖
荡褶袖
立体堆褶袖
抽褶朱丽叶袖
抹胸式泡泡收口袖
扎结衬衫袖

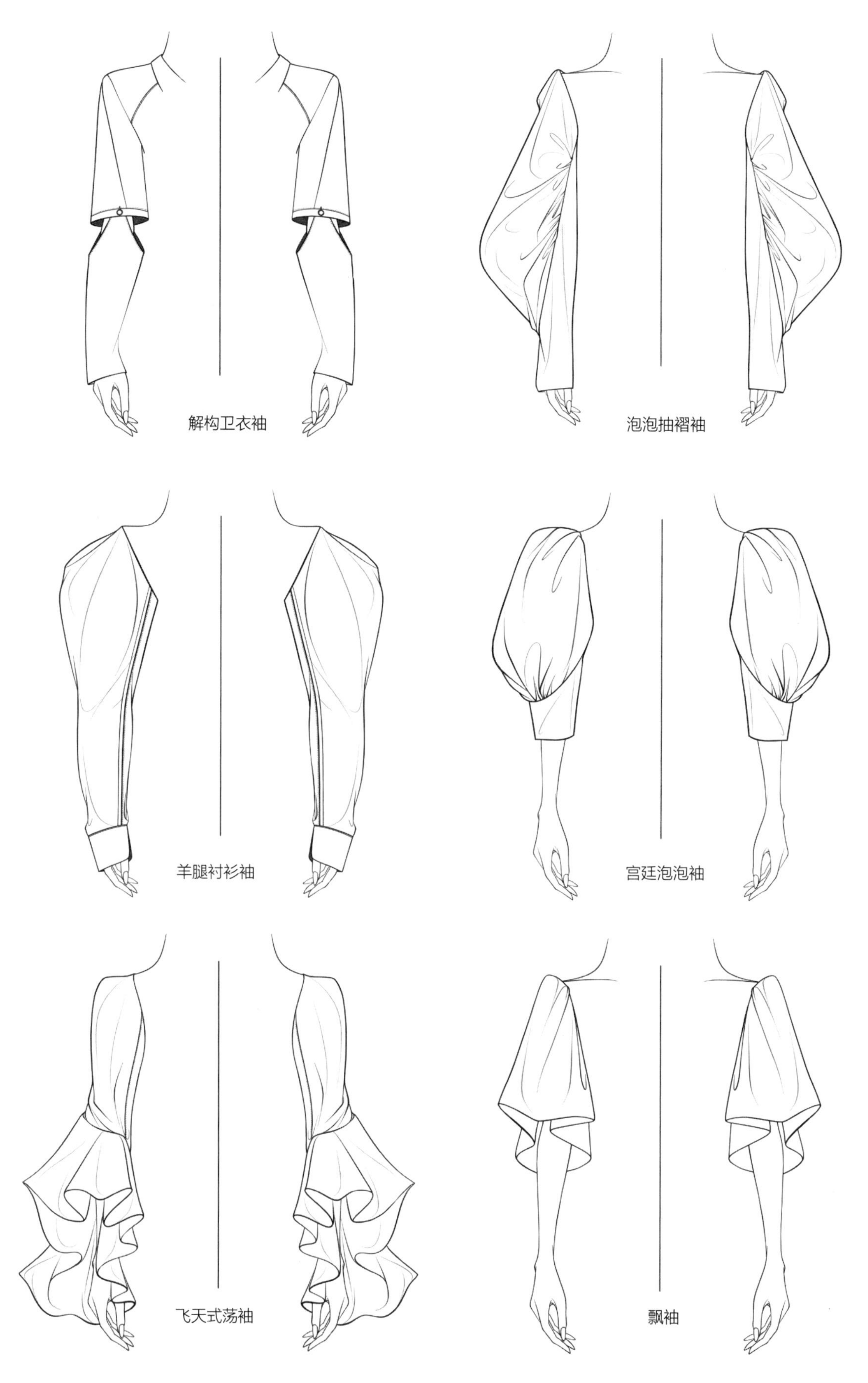
解构卫衣袖
泡泡抽褶袖
羊腿衬衫袖
宫廷泡泡袖
飞天式荡袖
飘袖

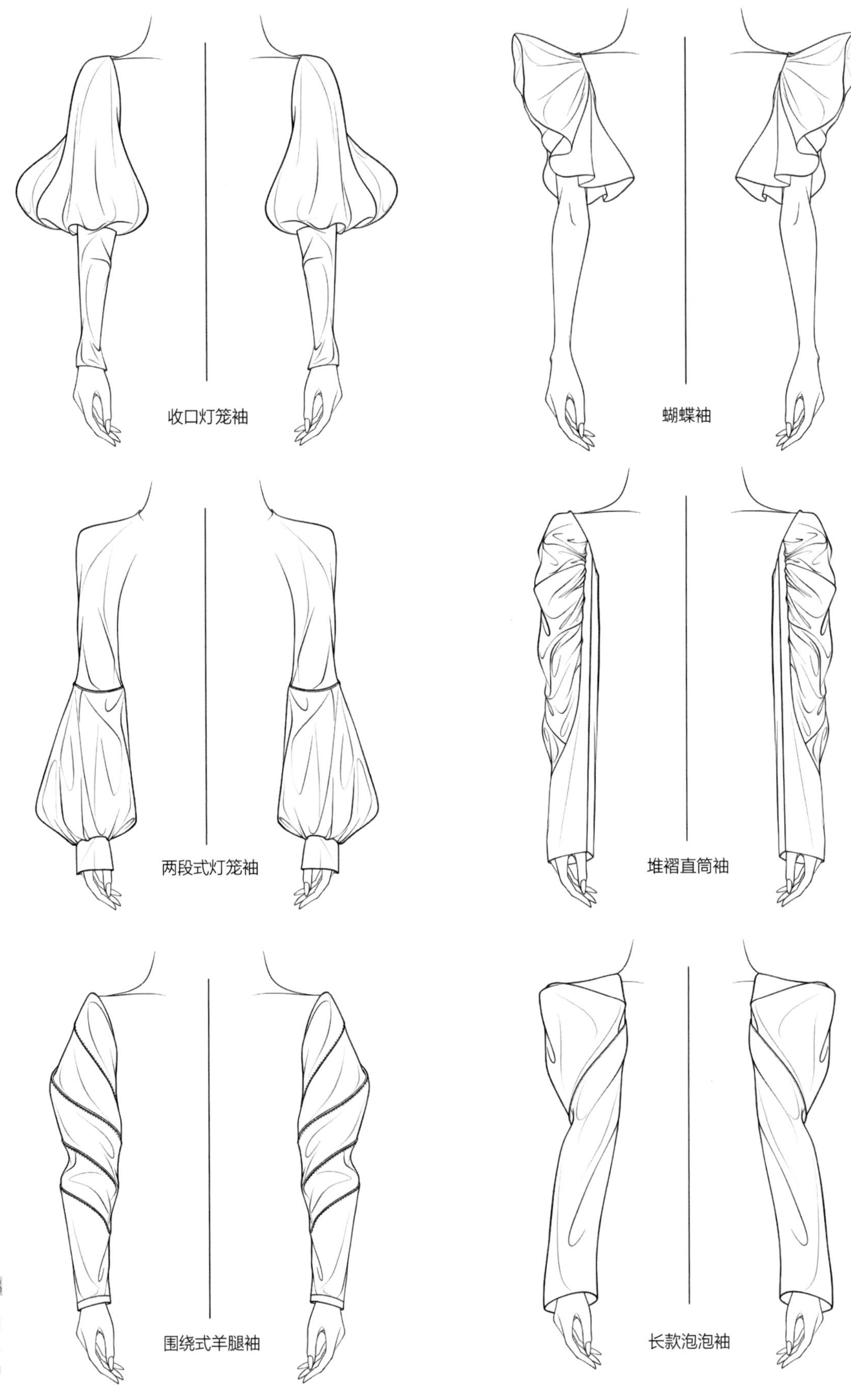
收口灯笼袖
蝴蝶袖
两段式灯笼袖
堆褶直筒袖
围绕式羊腿袖
长款泡泡袖

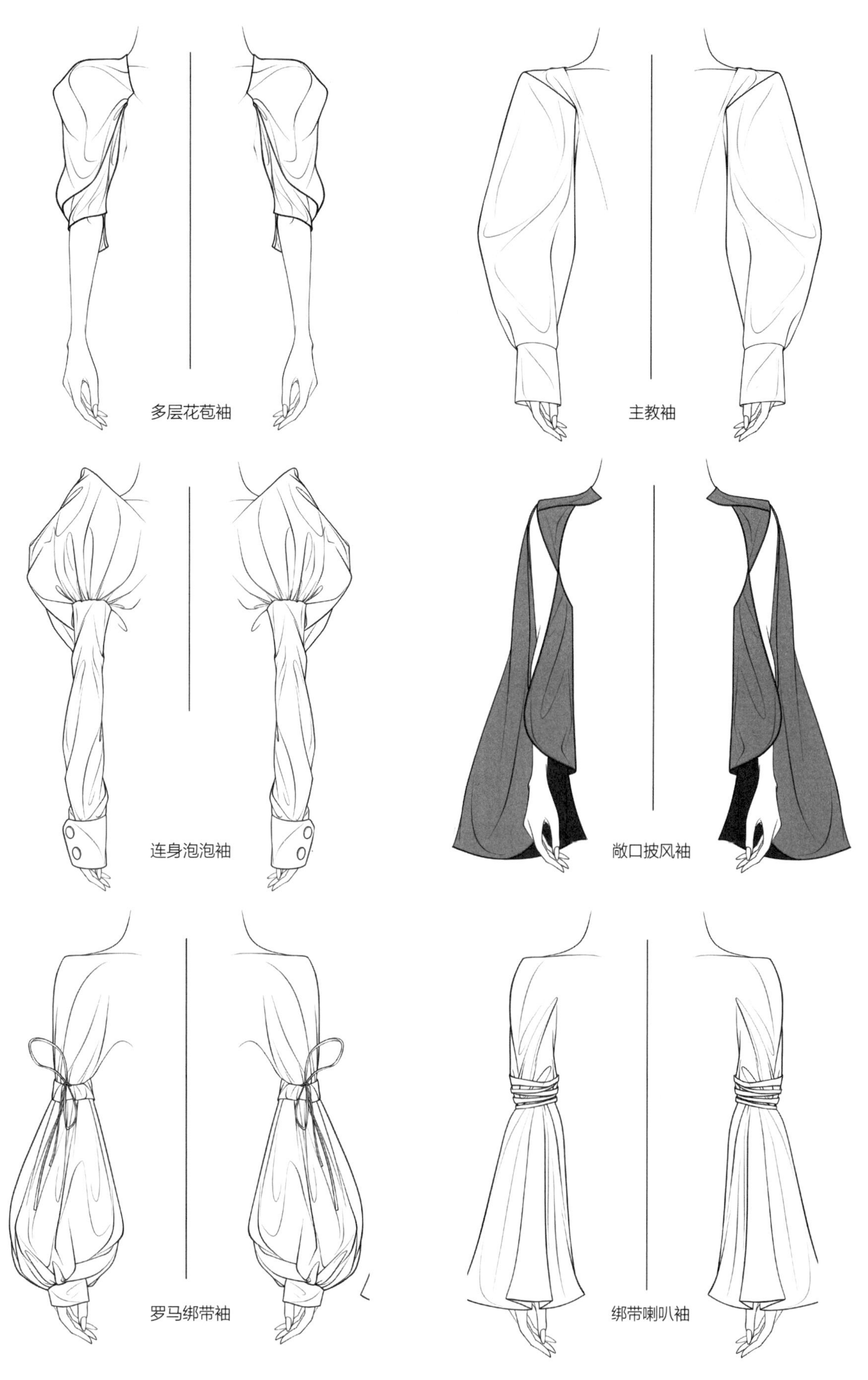
多层花苞袖
主教袖
连身泡泡袖
敞口披风袖
罗马绑带袖
绑带喇叭袖

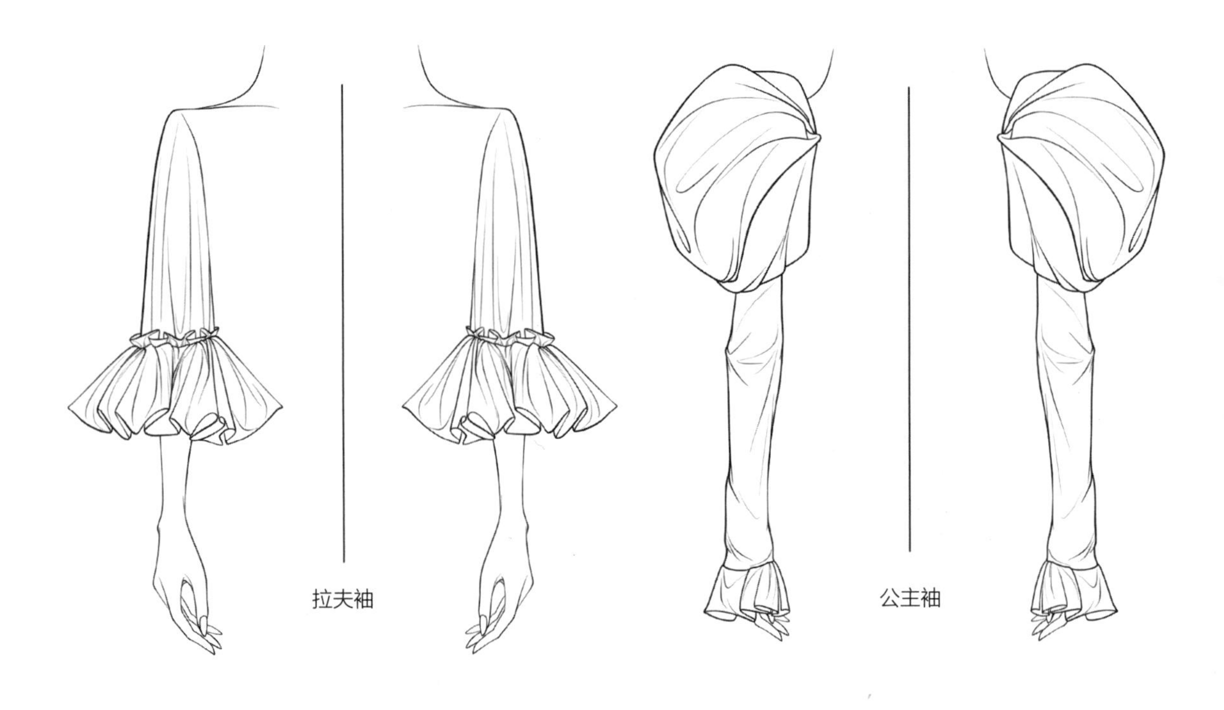

2.4 裙摆款式设计

裙摆，通常是指裙子的底摆部分，按照裙摆的适体度可以分为宽松裙摆和紧身裙摆；按照裙摆的造型可以分为荷叶裙摆、木耳边裙摆、鱼尾裙摆、压褶裙摆、海浪裙摆等。在绘制过程中，要注意裙摆褶皱的起伏和转折，从透视的角度刻画。

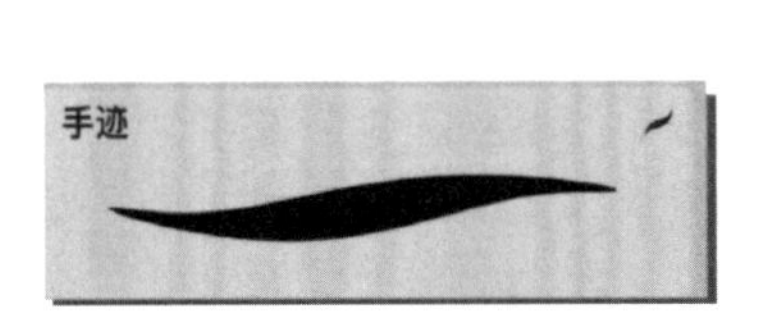

这是一款偏造型感的鱼尾裙摆。在绘制这款裙摆时，要注意裙摆的褶皱起伏关系和褶皱前后的素描结构。

◎设计步骤解析

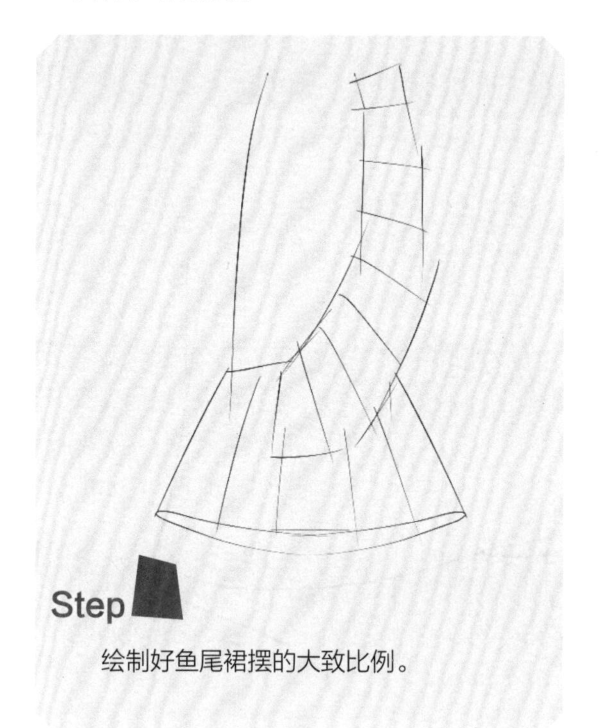

Step

绘制好鱼尾裙摆的大致比例。

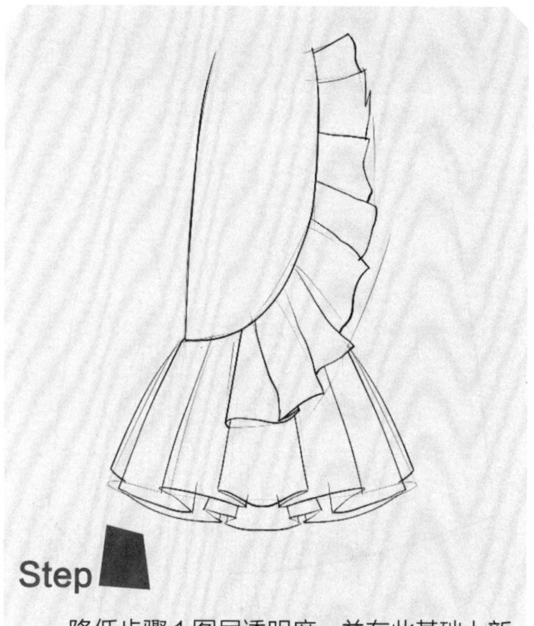

Step

降低步骤 1 图层透明度，并在此基础上新建图层，勾勒出衣袖的大致造型。

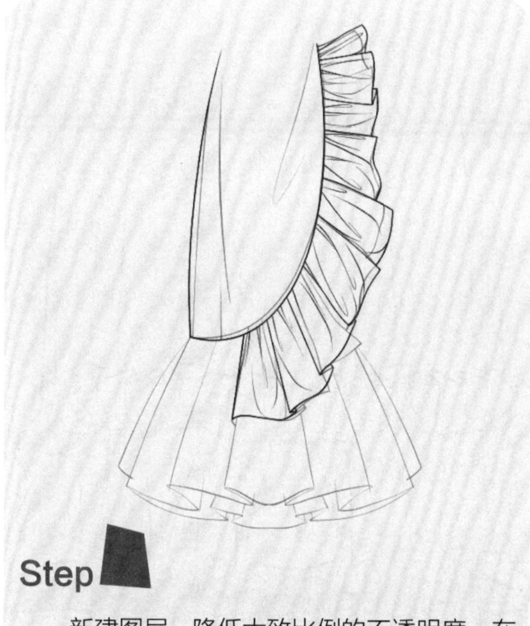

Step

新建图层，降低大致比例的不透明度，在此基础上，快速建立整体设计的大致结构穿插关系，并用顺滑的线条再次勾勒，注意强调褶皱之间的素描关系。

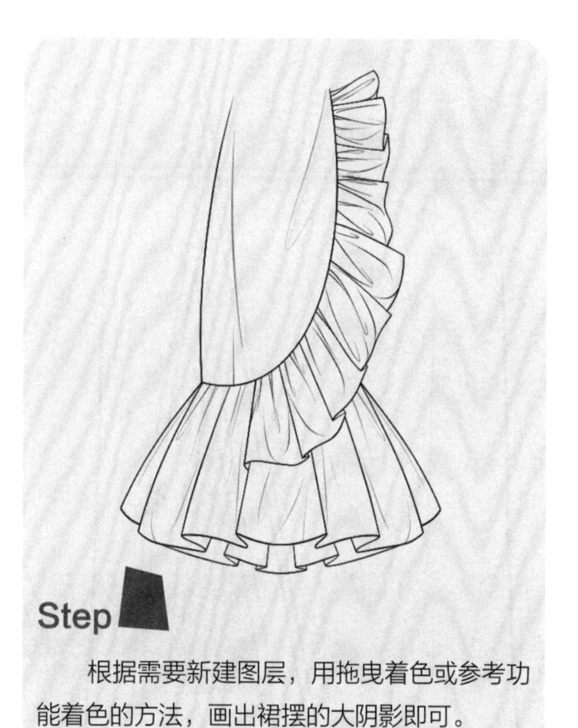

Step

根据需要新建图层，用拖曳着色或参考功能着色的方法，画出裙摆的大阴影即可。

◎裙摆的绘制范例

小工字褶分叉半裙裙摆

花苞式多层小 A 裙裙摆

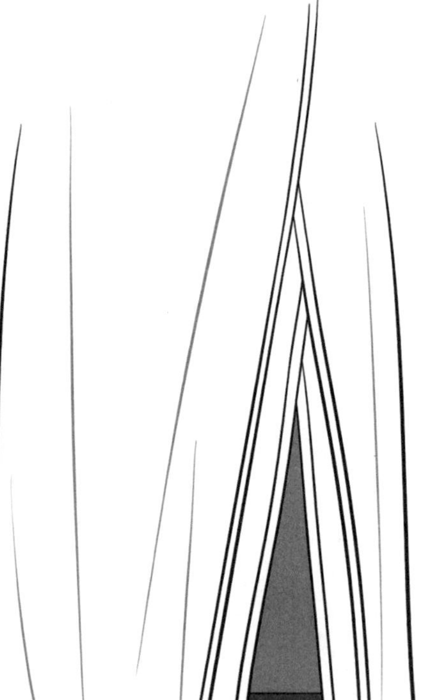

双层分叉直筒裙裙摆

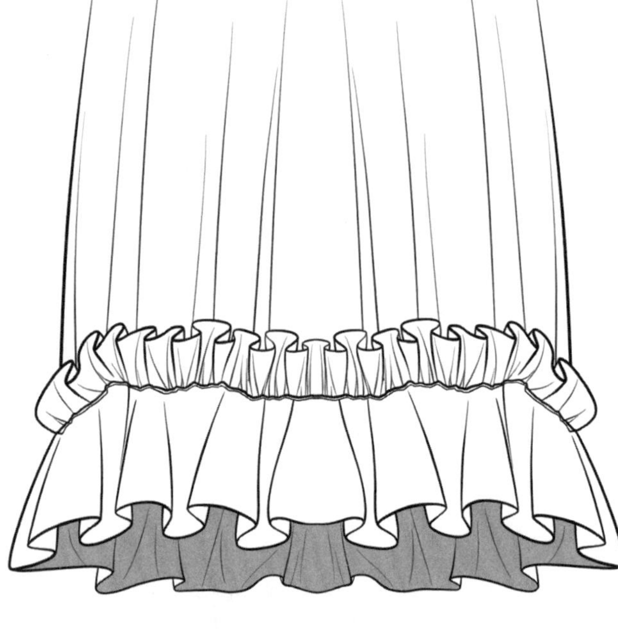

木耳荷叶边裙摆

不规则裙摆
伞裙裙摆
花苞形裙摆
A 字款裙摆
斜裙摆
荷叶裙摆

分片裙摆
A 字款裙摆
喇叭裙摆
大工字褶裙摆
叠裙摆

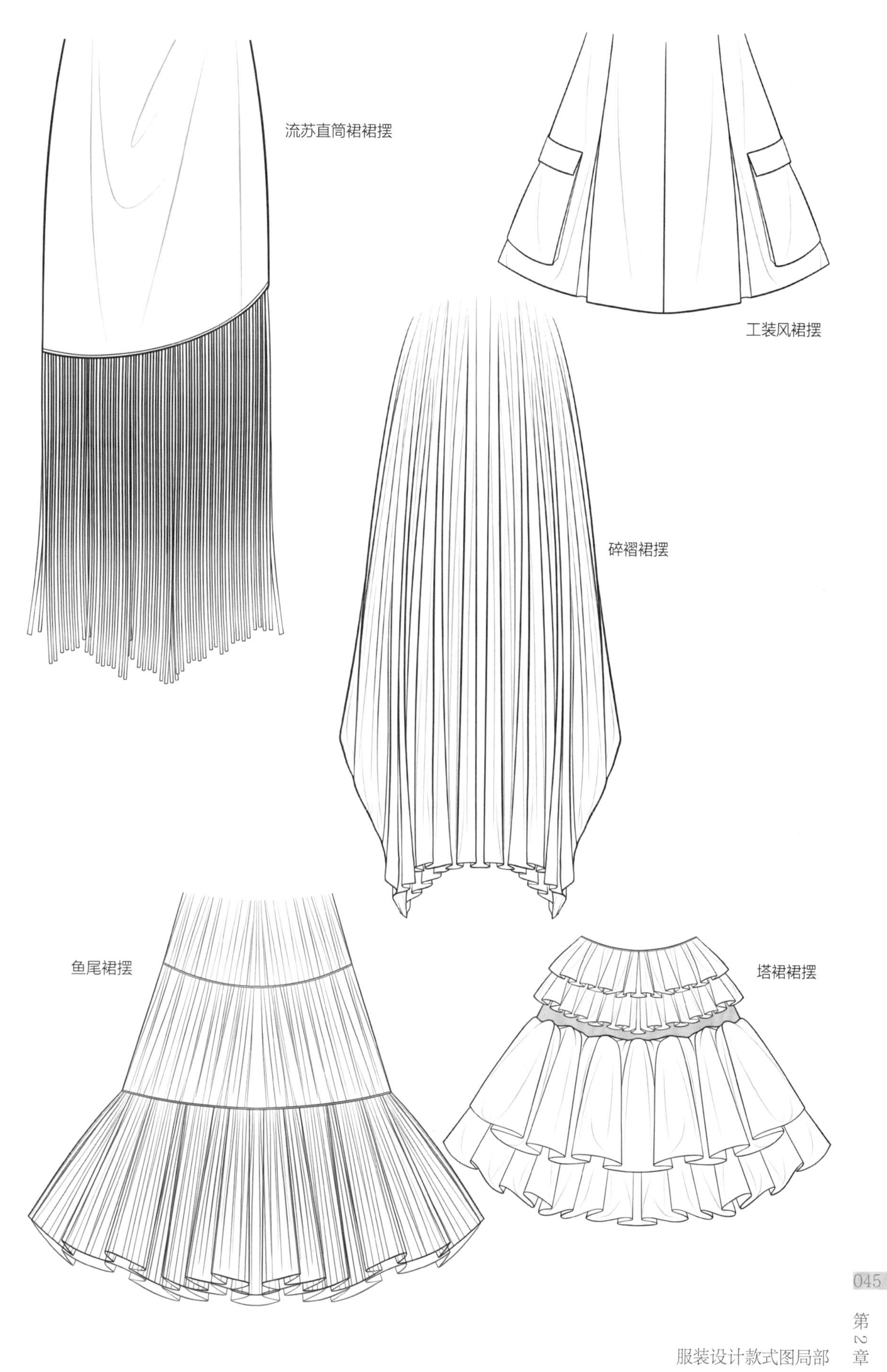
流苏直筒裙裙摆
工装风裙摆
碎褶裙摆
鱼尾裙摆
塔裙裙摆

2.5 口袋款式设计

口袋是服装的重要局部构件，参数存在于下装的设计，常见的口袋分为贴袋、挖袋和插袋 3 个类别。贴袋是指直接在衣片、裤片或裙片上贴面缝合一块袋布，贴袋造型根据服装风格需求设计，形式多样；挖袋又被称为开袋，将完整的布片开缝剪开，以双层袋布作为内衬缝制而成，外观简洁平整；插袋，一般在服装前后衣片或裤片的侧缝使用较多，布片不用剪开，里面内衬双层袋布缝合即可，造型相对简单，设计满足绝大多数的功能性需求即可。

这是一款贴面缝合的贴袋，特点集中体现在袋面的明辑线装饰，绘制过程中注意步骤循序渐进，从整体到局部完成绘制。

◎设计步骤解析

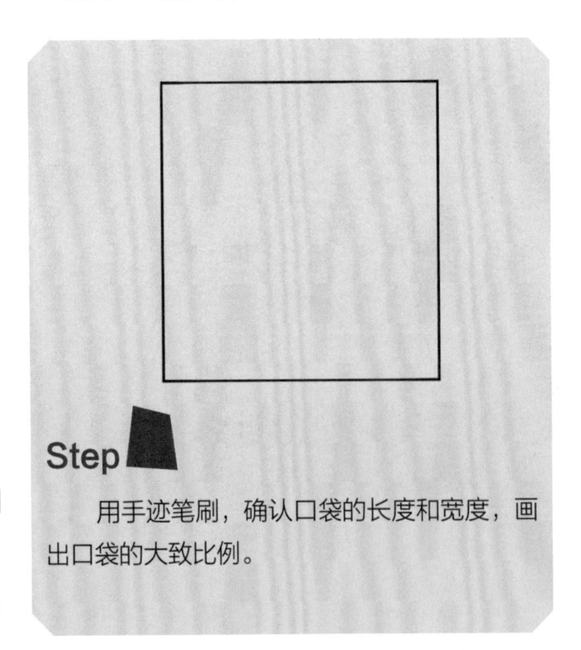

用手迹笔刷，确认口袋的长度和宽度，画出口袋的大致比例。

降低步骤 1 的透明度，并在此基础上新建图层，勾勒出口袋的造型，注意底角圆弧的塑造，完成口袋的外轮廓绘制。

Step

在步骤 2 的基础上，绘制出口袋的内结构线。

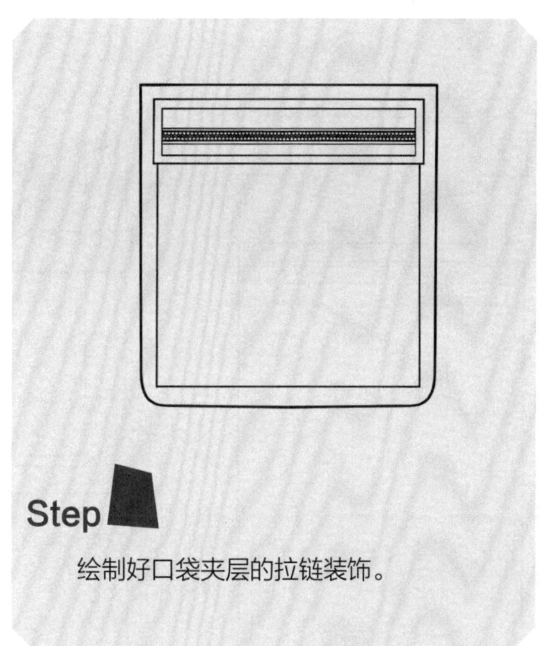

Step

绘制好口袋夹层的拉链装饰。

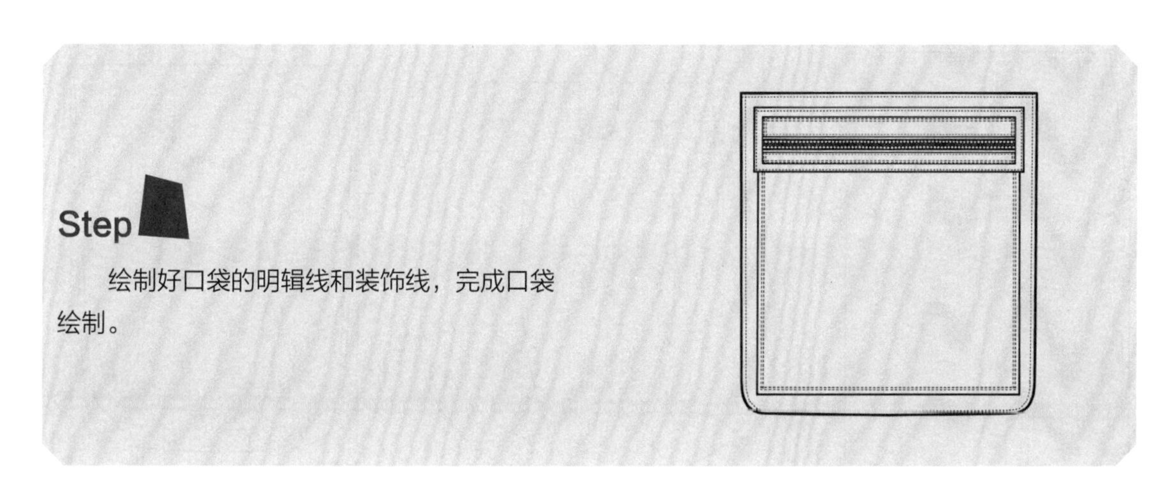

Step

绘制好口袋的明缉线和装饰线，完成口袋绘制。

◎口袋的款式范例

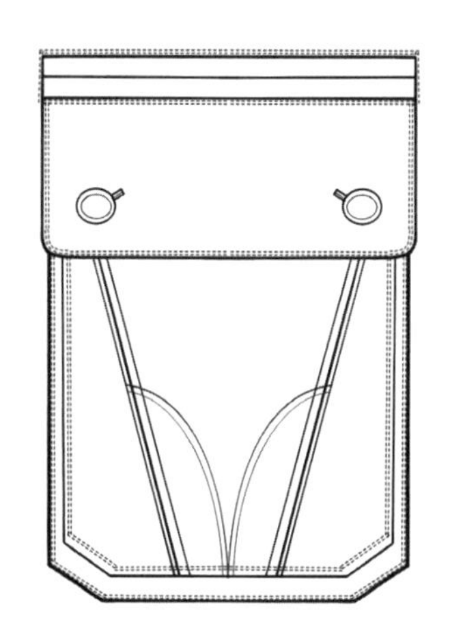

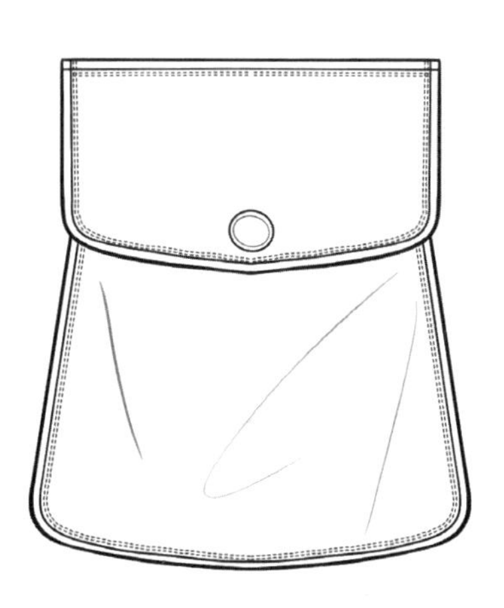

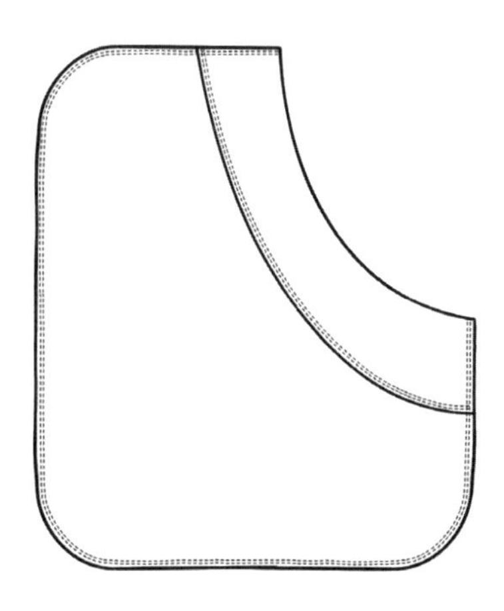

2.6 腰头款式设计

腰头，是裙腰和裤腰的总称。腰头分为高腰、中腰、低腰 3 种腰线设计，是下装不可缺少的部位之一，在设计过程中，腰头位置、高低、宽窄和松紧的造型等都影响着下装的视觉感受。在设计手法上，设计者可以将多种元素结合风格需求创作，如褶皱设计、抽绳设计、系带设计、拼接设计、解构设计等。

这是一款假两件式的腰头设计，靠近腰线的位置以较为紧致的皮带收尾，远离腰线的位置以抽绳穿插其中，在视觉上形成松紧有致的层次关系，设计感满满。在绘制的过程中，要注意塑造假两件式的结构，用笔松弛，不疾不徐。

◎设计步骤解析

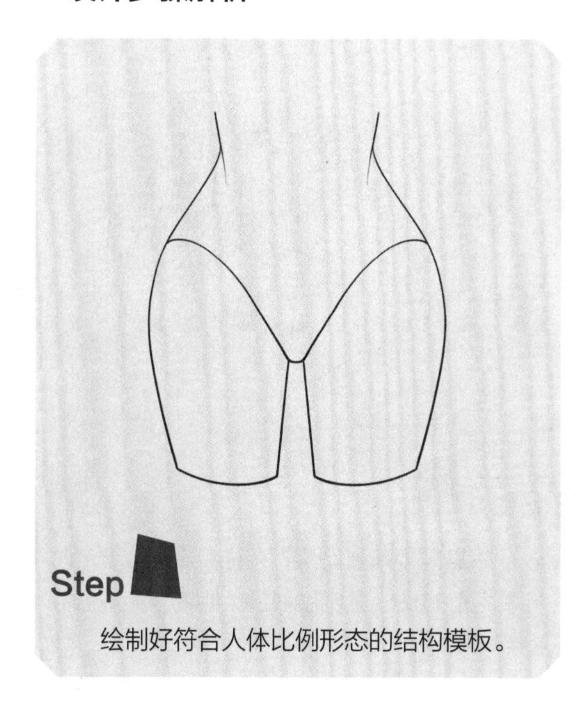

绘制好符合人体比例形态的结构模板。

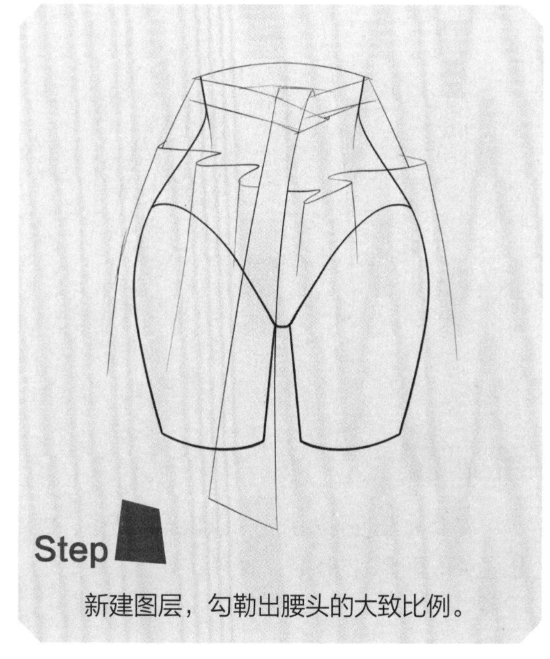

新建图层，勾勒出腰头的大致比例。

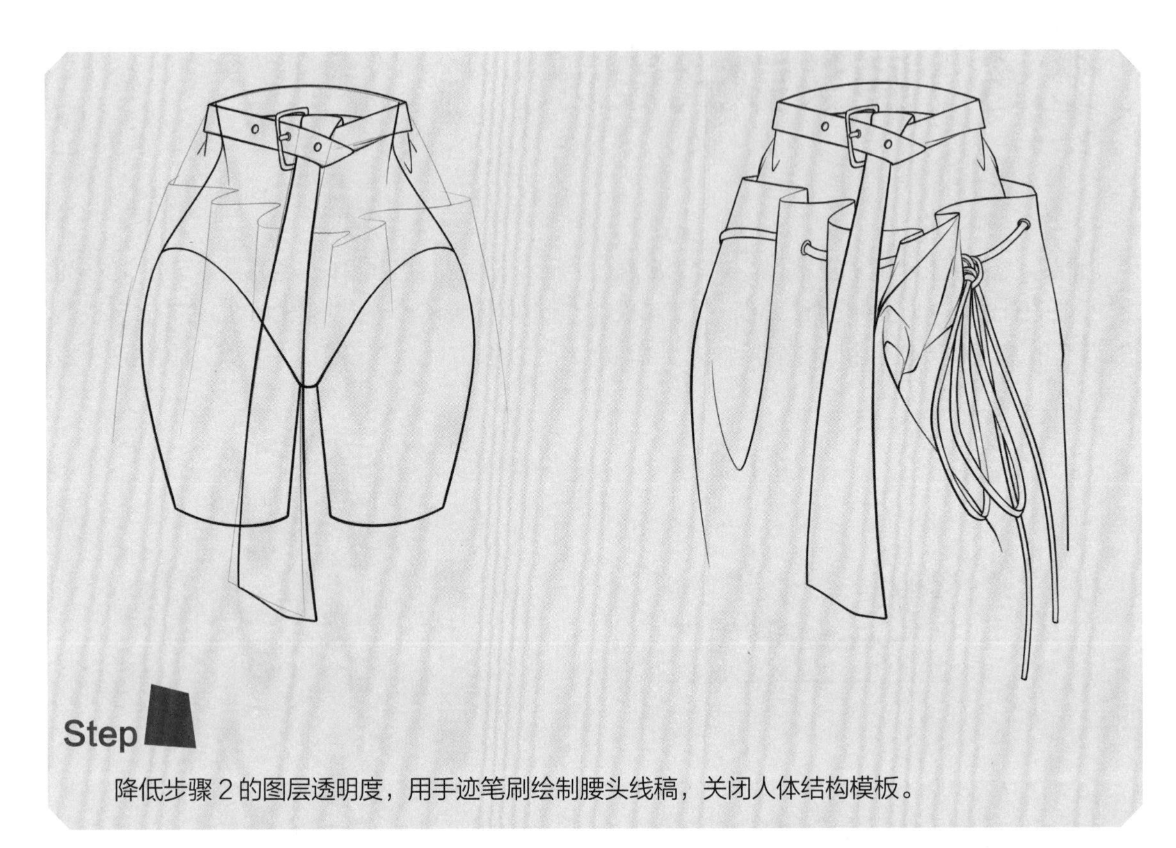

Step

降低步骤 2 的图层透明度，用手迹笔刷绘制腰头线稿，关闭人体结构模板。

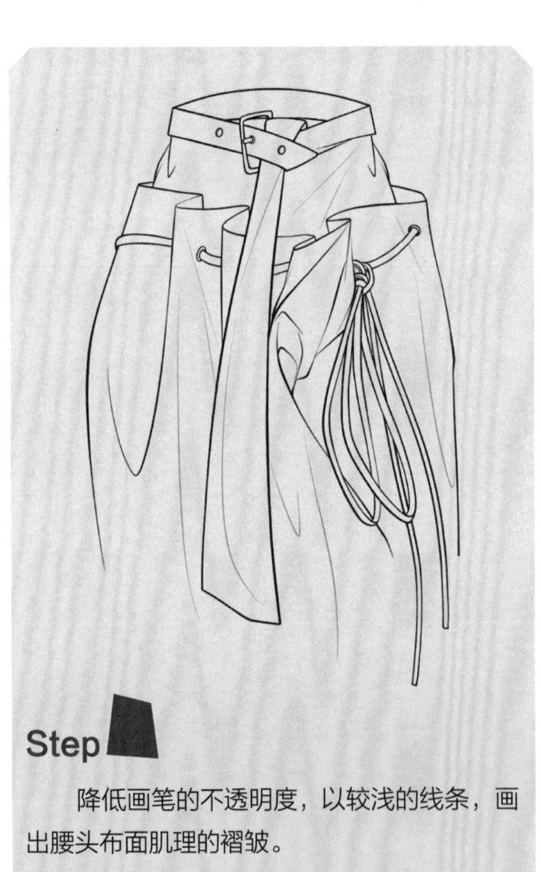

Step

降低画笔的不透明度，以较浅的线条，画出腰头布面肌理的褶皱。

Step

根据需要新建图层，用拖曳着色或参考功能着色的方法，画出腰头的大阴影，完成腰头的款式绘制。

◎腰头的款式范例

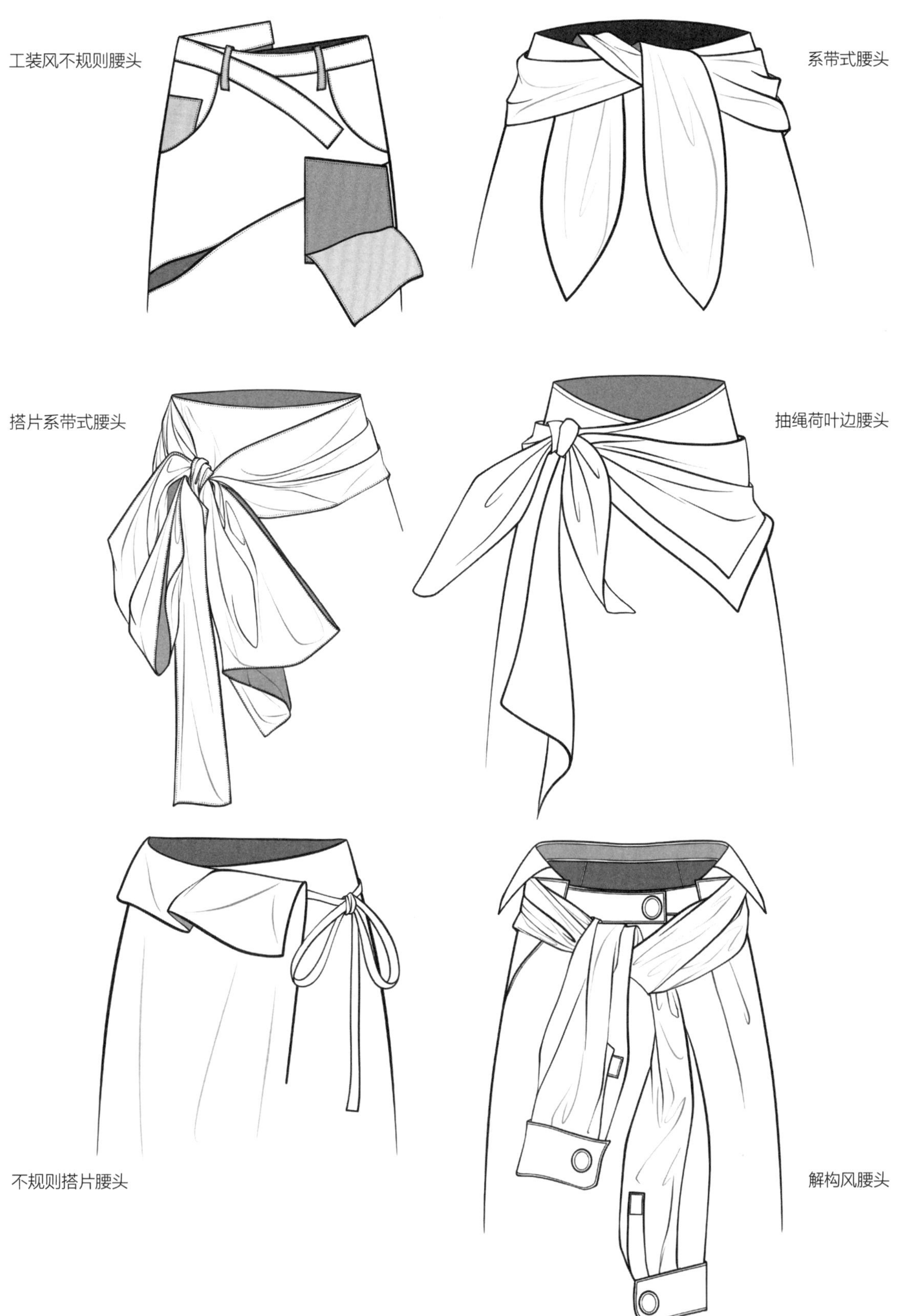

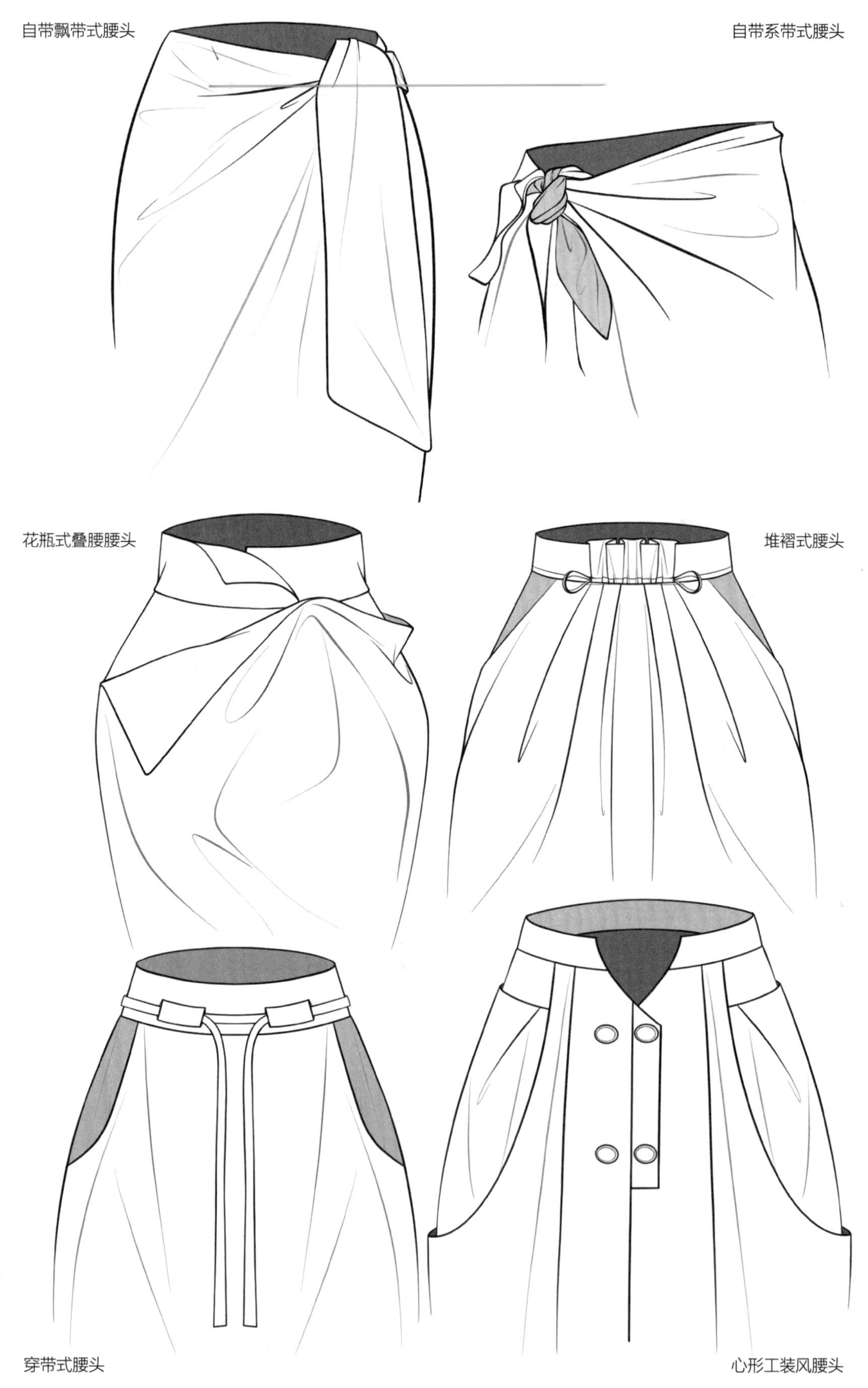
自带飘带式腰头
自带系带式腰头
花瓶式叠腰腰头
堆褶式腰头
穿带式腰头
心形工装风腰头

斜扣式腰头
双层袢带拉链款腰头
束腰款假两件腰头
假两件直筒飘带腰头
夸张系带腰头
不对称露腰腰头

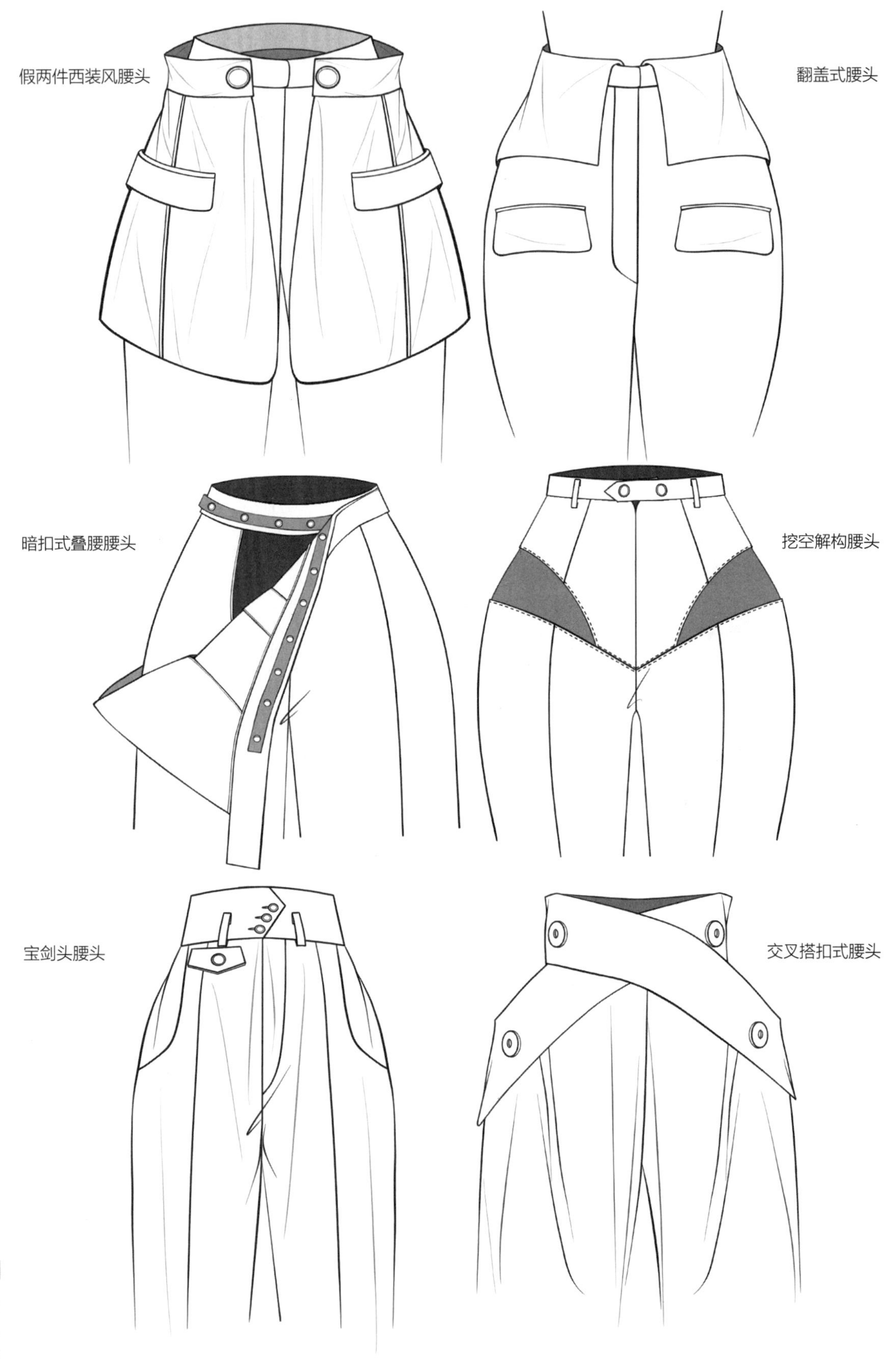
假两件西装风腰头
翻盖式腰头
暗扣式叠腰腰头
挖空解构腰头
宝剑头腰头
交叉搭扣式腰头

2.7 裤腿款式设计

裤腿，包含裤子穿在两腿上的筒状部分和最底端的裤脚部分，按照裤腿的松紧度可以分为宽松裤腿和紧身裤腿两种。在一定程度上，宽松和紧身的裤腿决定了下装的版型，影响着整体的服装风格搭配。在设计过程中，可以结合经典元素和当下流行趋势完成设计，如荡褶、拼接、系带、纽扣等形式的设计，调节裤子版型的同时，极具层次感和装饰性。

这是一款罗马风格的绑带裤腿设计，在绘制中注意裤腿的款式结构。

◎设计步骤解析

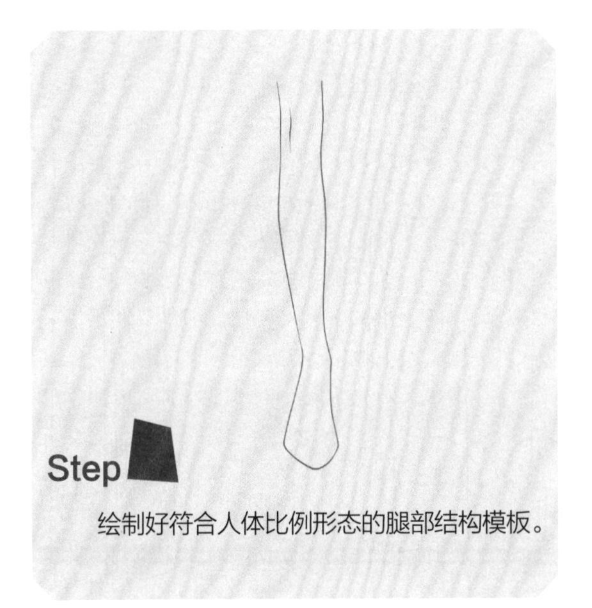

绘制好符合人体比例形态的腿部结构模板。

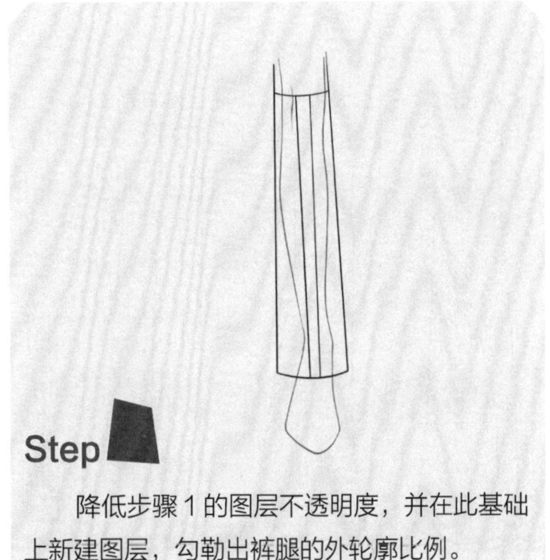

降低步骤 1 的图层不透明度，并在此基础上新建图层，勾勒出裤腿的外轮廓比例。

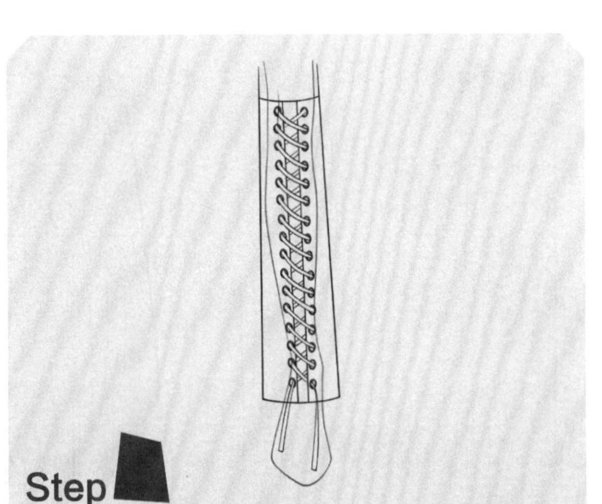

绘制出裤腿系带的扣眼和系带，注意系带与扣眼的穿插关系。以较浅的灰色线条，画出裤腿的褶皱线。

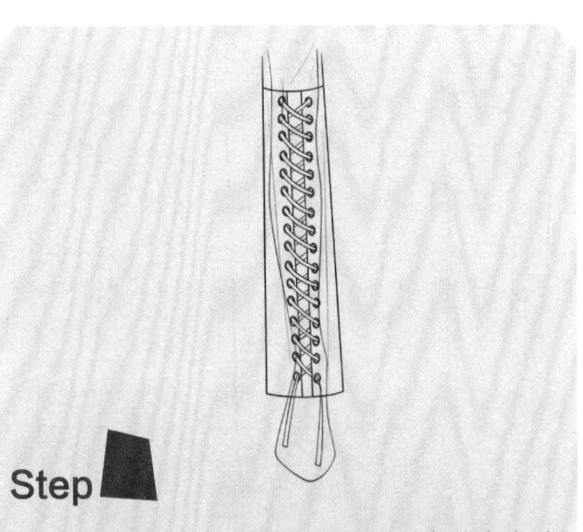

根据需要新建图层，用拖曳着色或参考功能着色的方法，画出裤腿扣眼的大致阴影，完成裤腿款式绘制。

◎裤腿的款式范例

花瓣式 烟管裤 紧身裤袢 花苞式 断层拼接式 分叉式 束颈式

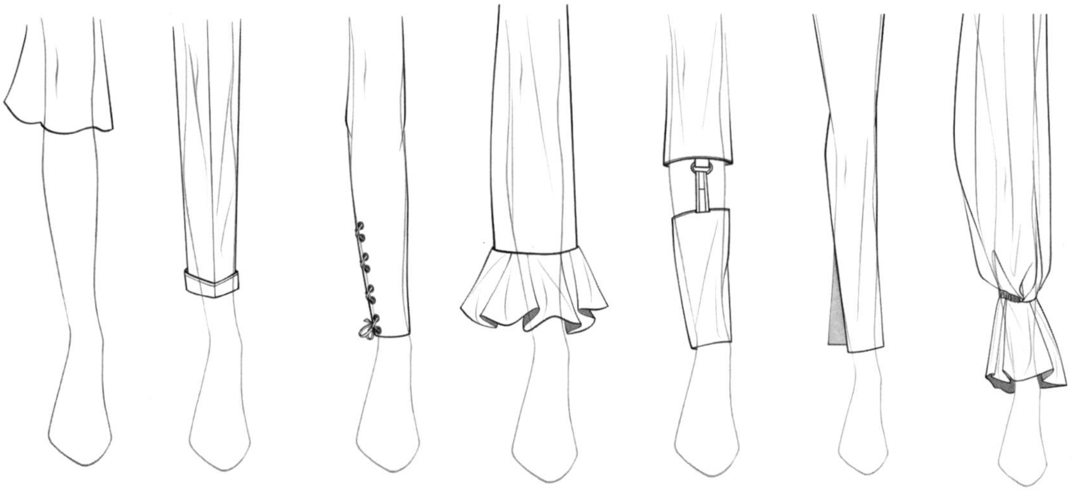

绑带式 大喇叭式 侧缝向前式 活页式 分片式 束口式 阔腿式

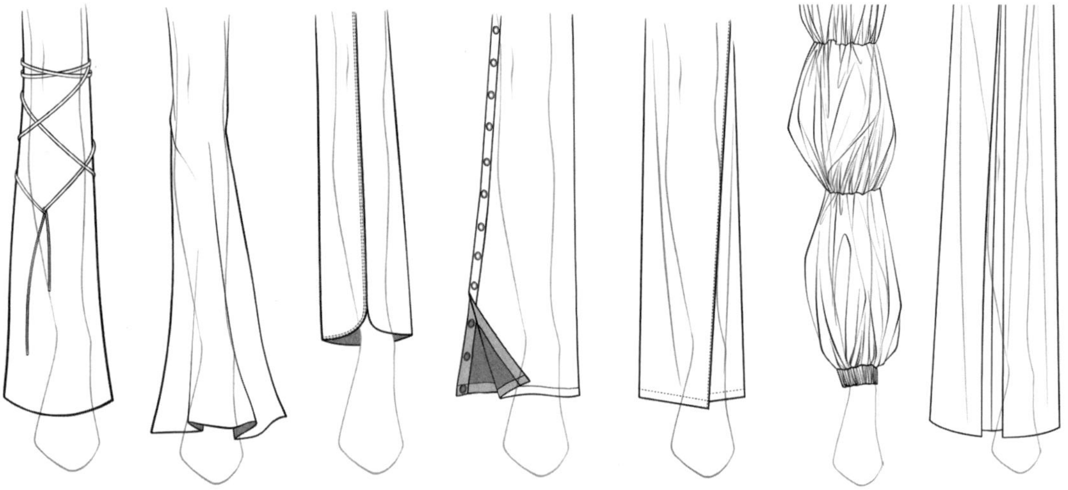

萝卜式 叠片式 活扣式 解构风格 堆褶式 灯笼式

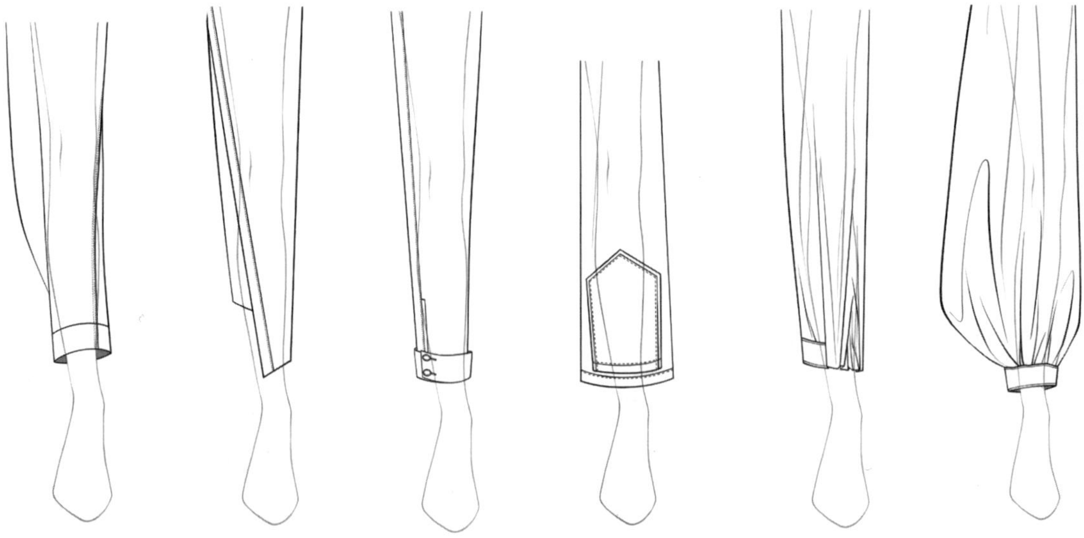

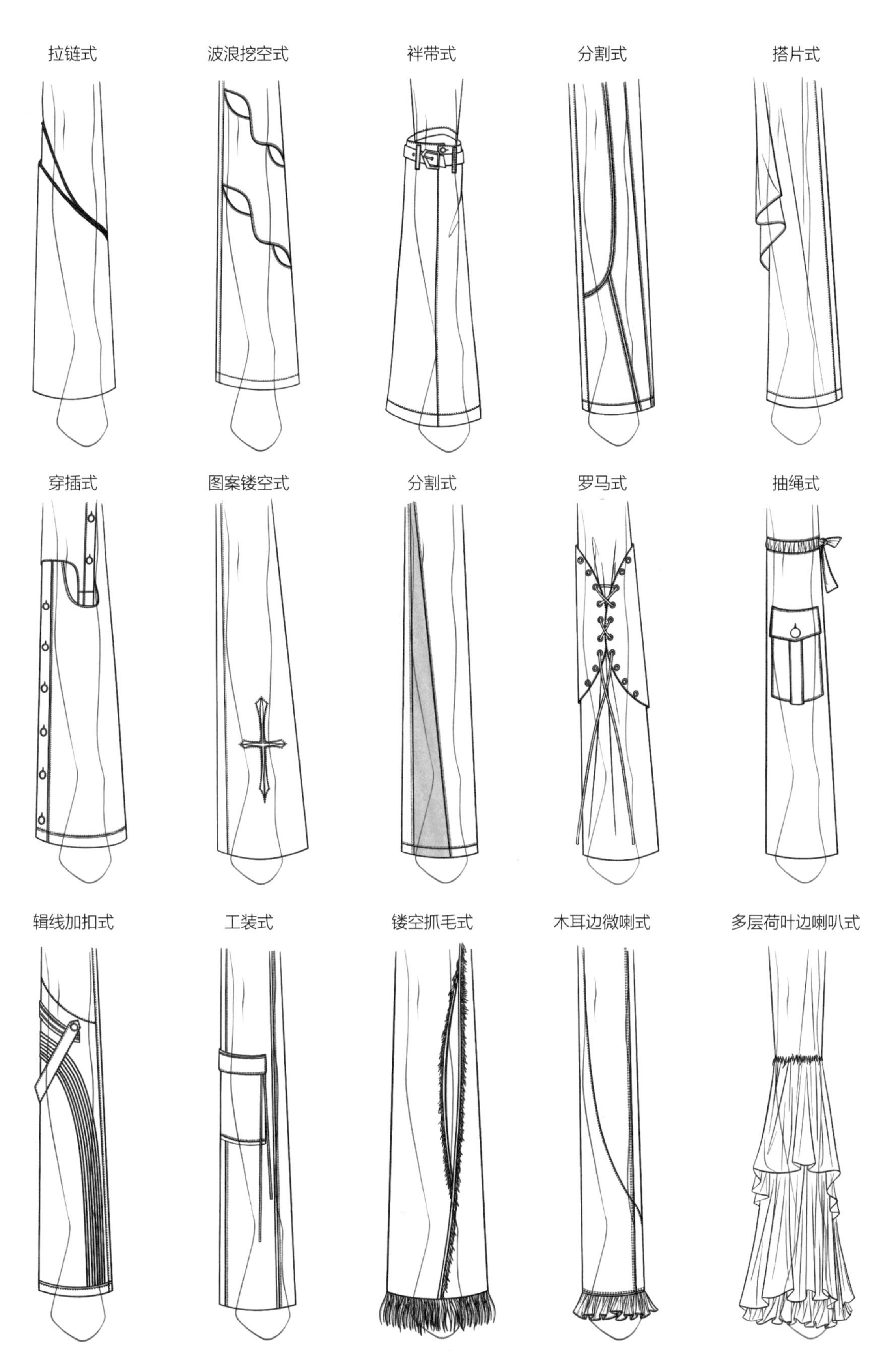
拉链式
波浪挖空式
袢带式
分割式
搭片式
穿插式
图案镂空式
分割式
罗马式
抽绳式
辑线加扣式
工装式
镂空抓毛式
木耳边微喇式
多层荷叶边喇叭式

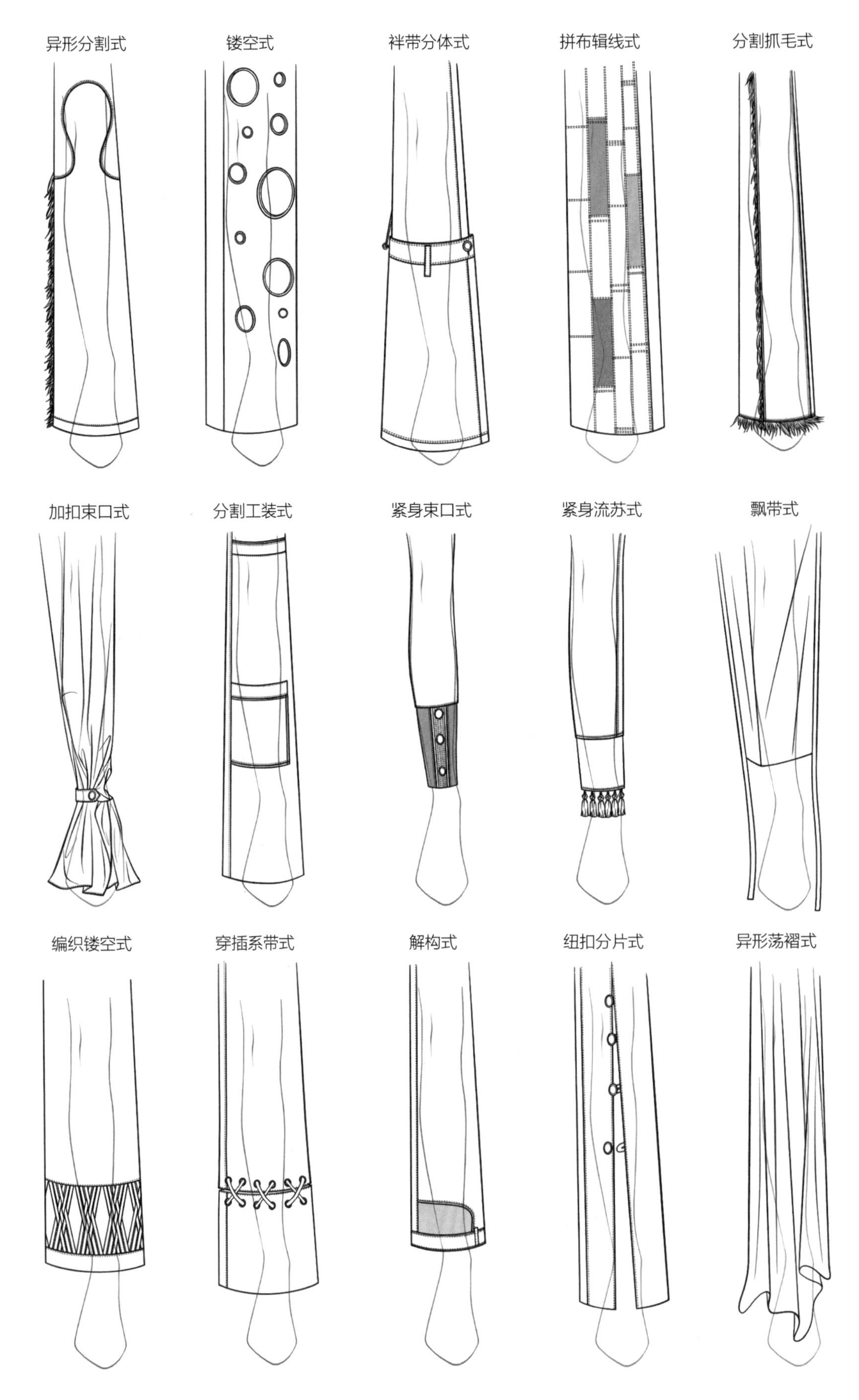

异形分割式
镂空式
袢带分体式
拼布辑线式
分割抓毛式
加扣束口式
分割工装式
紧身束口式
紧身流苏式
飘带式
编织镂空式
穿插系带式
解构式
纽扣分片式
异形荡褶式

第3章 上装款式图绘制表现

在服装设计中，上装通常是指穿在人体上身的服装。按照季节划分，可以分为春装、夏装、秋装和冬装；按照款式划分，可以分为内衣、吊带、泳衣、短袖、衬衫、连衣裙、卫衣、夹克、西装、皮草、羽绒服和大衣等；按照材质划分，可以分为棉质服装、麻质服装、丝绸服装、化纤服装、毛皮服装等。在本章中，从上装的款式设计入手，将内衣、吊带、泳衣、连衣裙、西装、皮草、羽绒服、大衣分别重点讲解，分步解析，并辅以款式范例，以便参考绘制。

3.1 内衣

内衣指人体贴身穿的衣物，包括文胸、内裤、汗衫、背心等。其中，以文胸内裤为一组的内衣较为普遍。按照功能性划分，内衣分为矫形内衣、保健内衣和装饰内衣；按照文胸的罩杯划分，内衣分为 1/2 杯文胸、3/4 杯文胸和全罩杯文胸；按照年龄段划分，内衣分为少女系内衣、青年系内衣、中年系内衣和老年系内衣；按照款式设计划分，内衣又分为无痕内衣、前扣内衣、运动内衣和休闲内衣等。

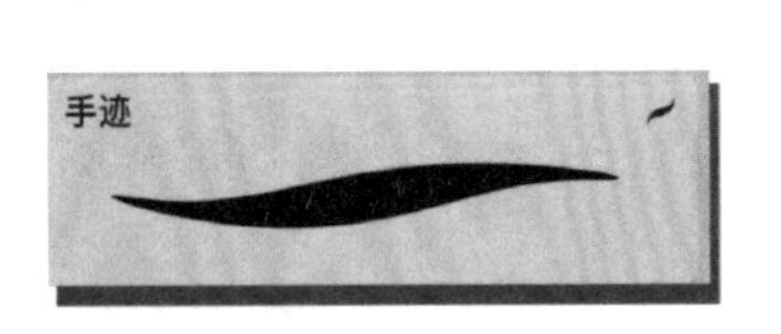

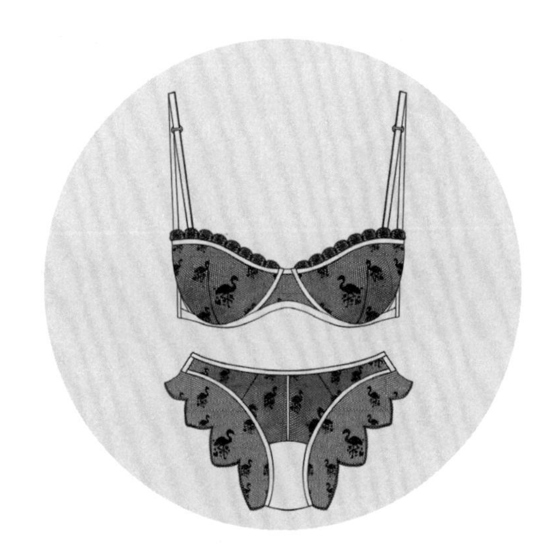

这是一款以蕾丝为主要元素的内衣，在绘制过程中，要注意蕾丝在量感上的体积感塑造和结构关系。

◎设计步骤解析

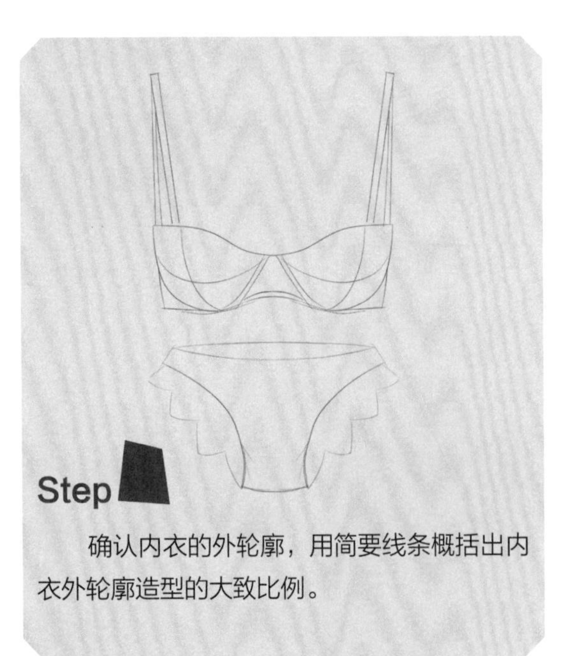

Step

确认内衣的外轮廓，用简要线条概括出内衣外轮廓造型的大致比例。

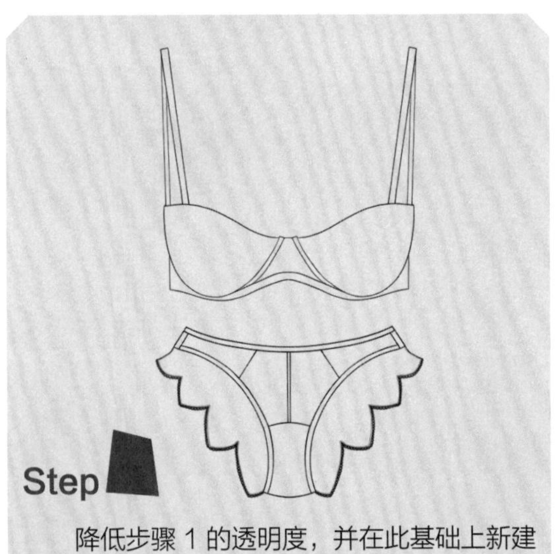

Step

降低步骤 1 的透明度，并在此基础上新建图层，勾勒出内衣的造型，注意罩杯圆弧的体积感塑造，完成内衣的外轮廓绘制。

Step

关闭步骤 1，在步骤 2 的基础上，新建图层，绘制出文胸的蕾丝花边部分。

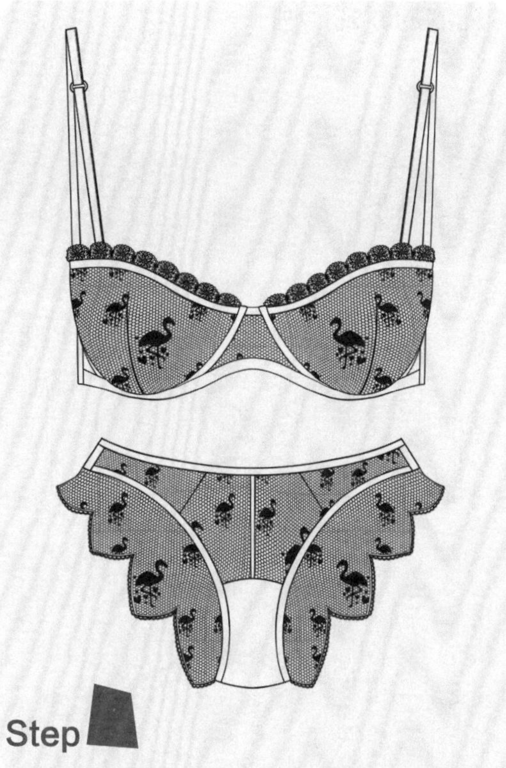

Step

选取自制蕾丝画笔，画出内衣的蕾丝平面造型，并借助 Procreate 自带液化工具，推拉使其错位，塑造罩杯的体积感。

Step

复制蕾丝，并降低不透明度，推拉使其错位，形成视觉上的层次感，完成内衣款式绘制。

◎内衣的款式范例

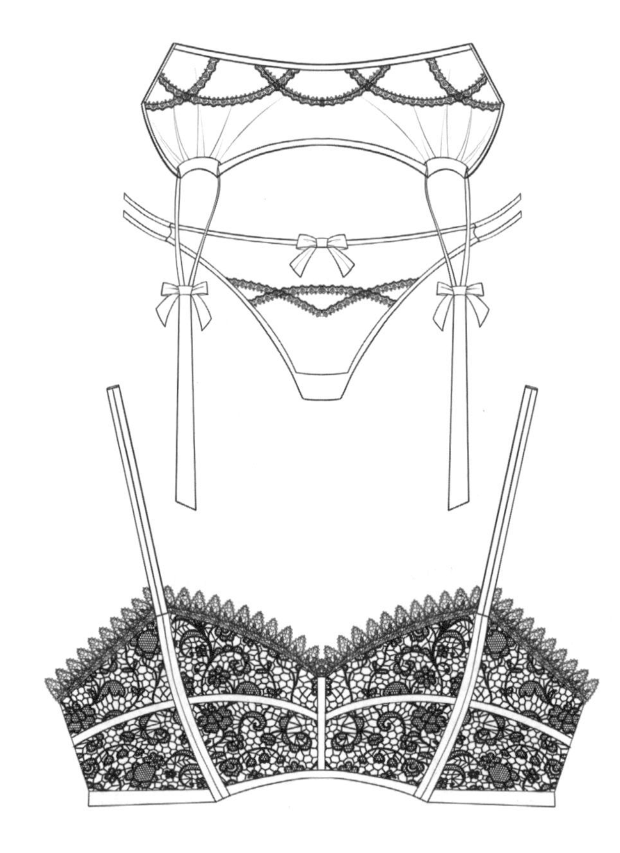

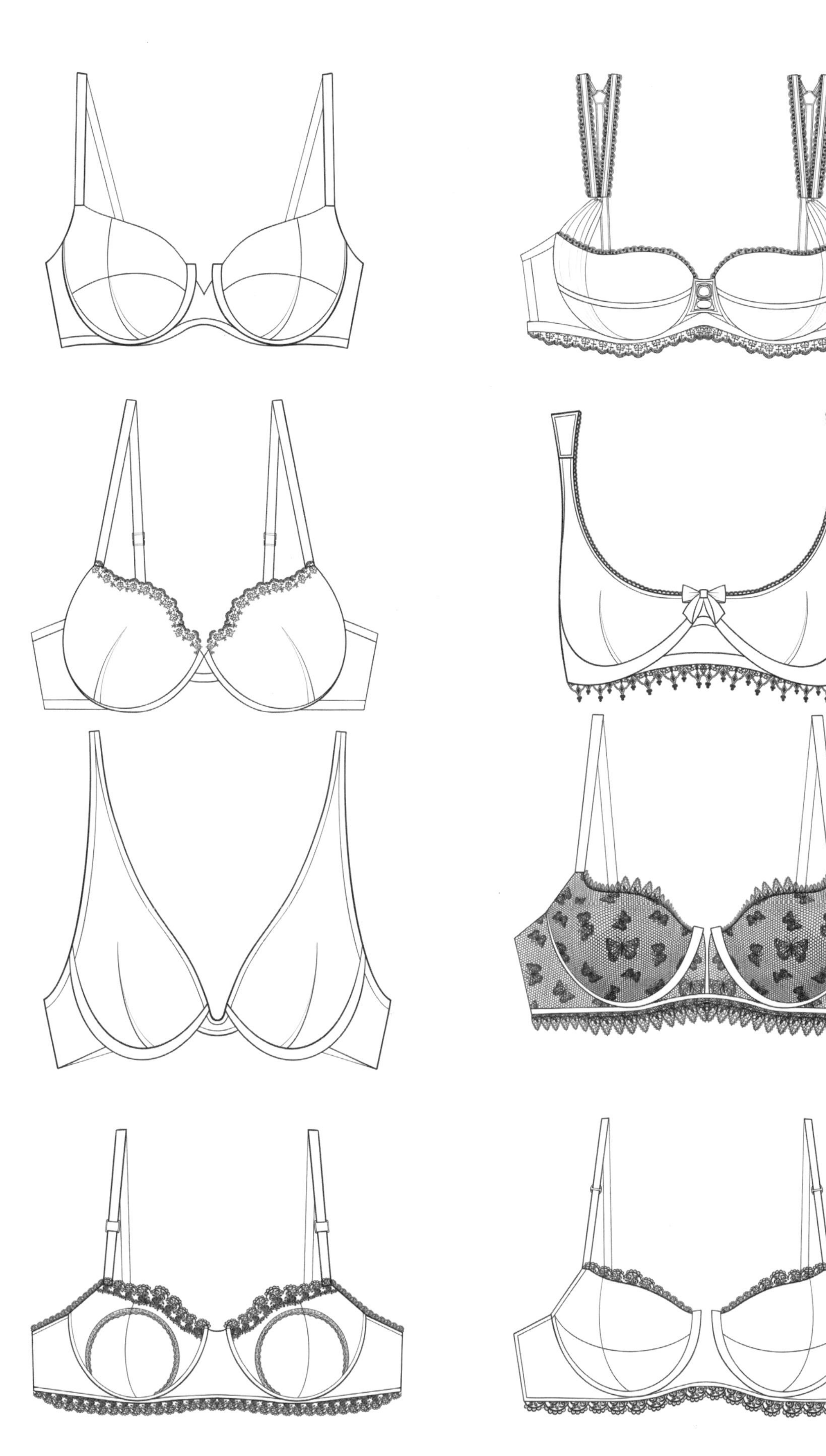

3.2 吊带

吊带，又称吊带衫、吊带装，穿着舒适、透气，搭配性较强，是女性夏天的常用单品之一。吊带通常以无袖的款式呈现，在款式设计中，可以以吊带的基本版型为切入点，通过对领口的形状、衣长的改变、版型的变化等方式，利用堆褶、解构、系带、镂空等设计手法进行设计表现。

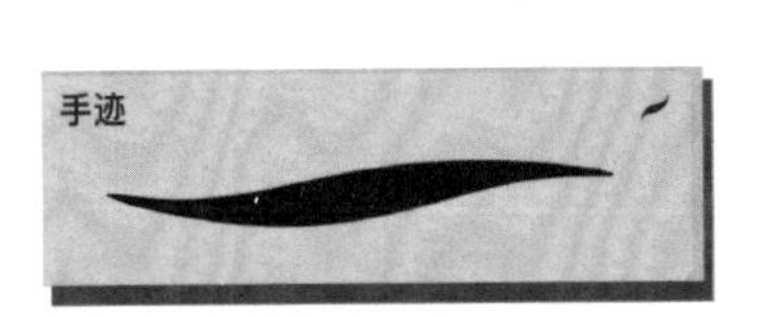

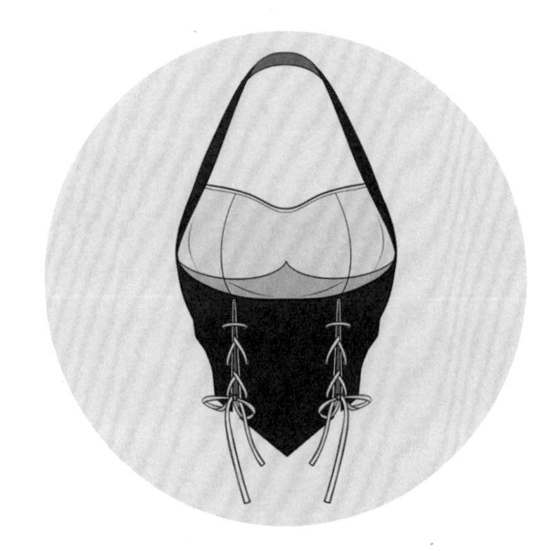

这是一款以抽绳和假两件结合的吊带设计，在绘制过程中，要注意抽绳的穿插关系和整体结构关系。

◎设计步骤解析

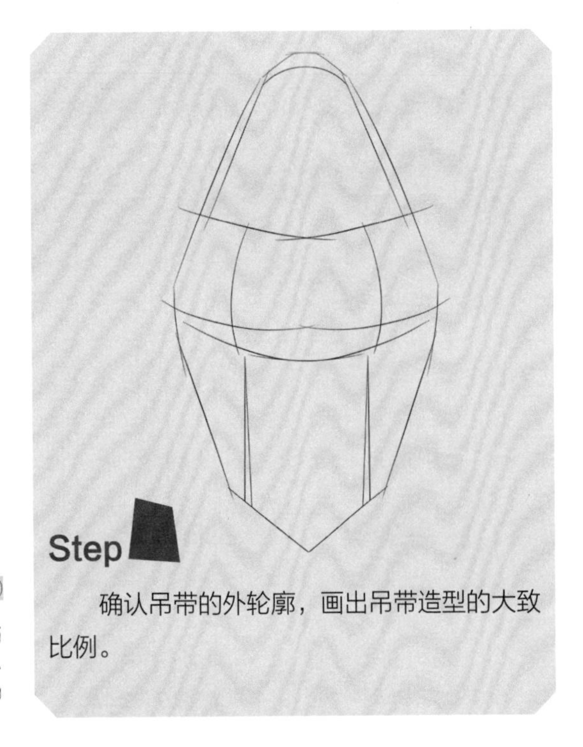

确认吊带的外轮廓，画出吊带造型的大致比例。

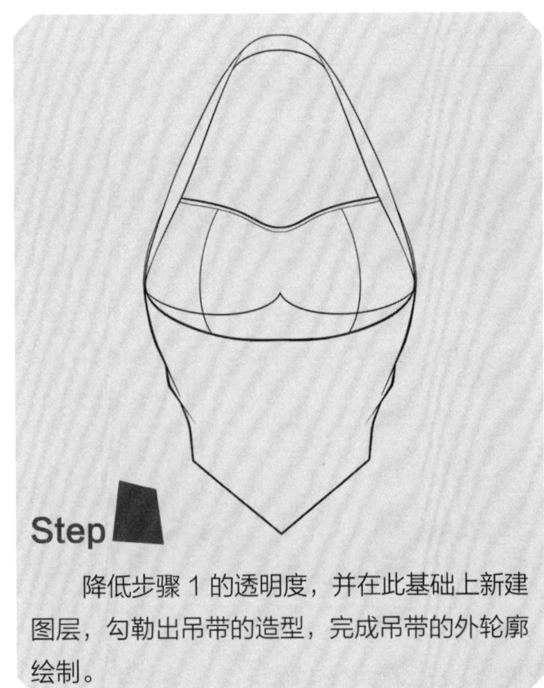

降低步骤 1 的透明度，并在此基础上新建图层，勾勒出吊带的造型，完成吊带的外轮廓绘制。

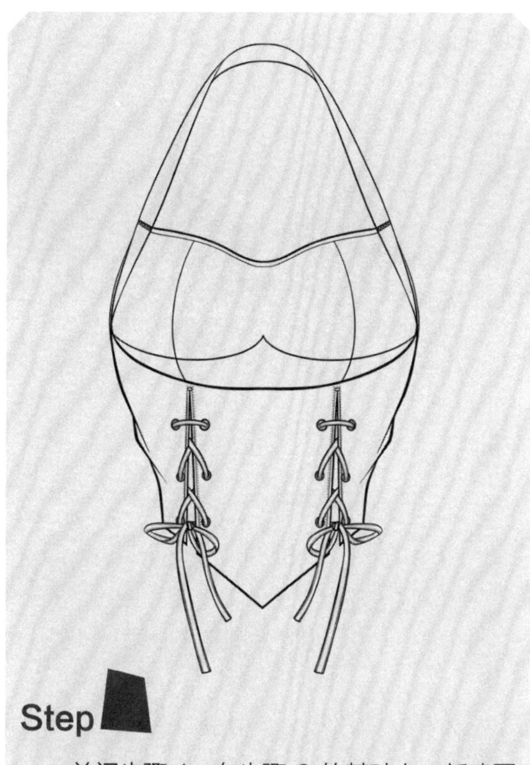

Step

关闭步骤 1，在步骤 2 的基础上，新建图层，绘制出吊带的内结构。

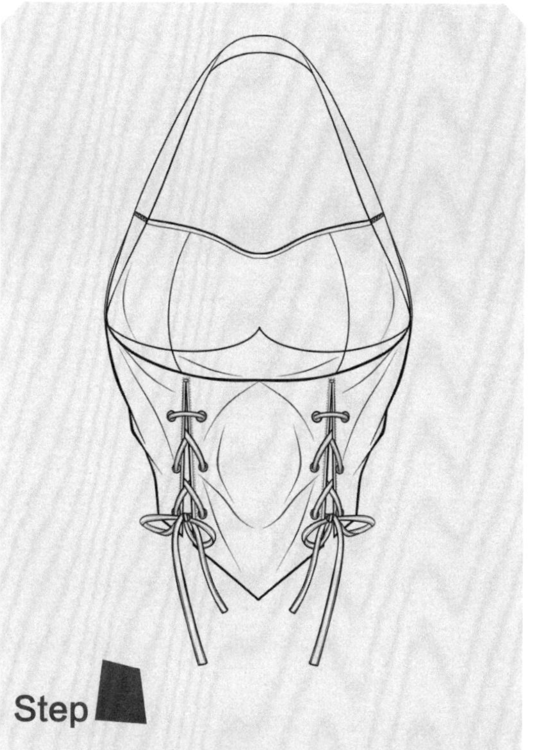

Step

降低画笔的不透明度，用较浅的灰色画出吊带的褶皱。

Step

新建图层，用拖曳着色或参考功能着色的方法，画出吊带的暗部即可。

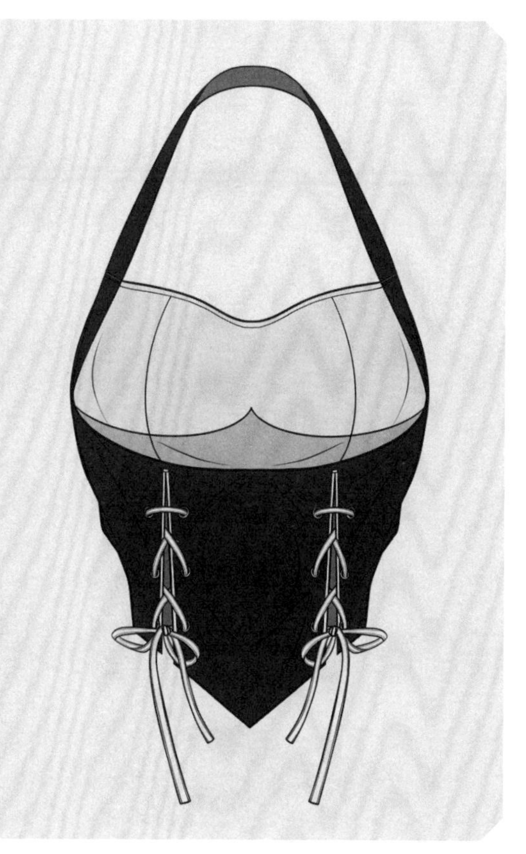

◎吊带的款式范例

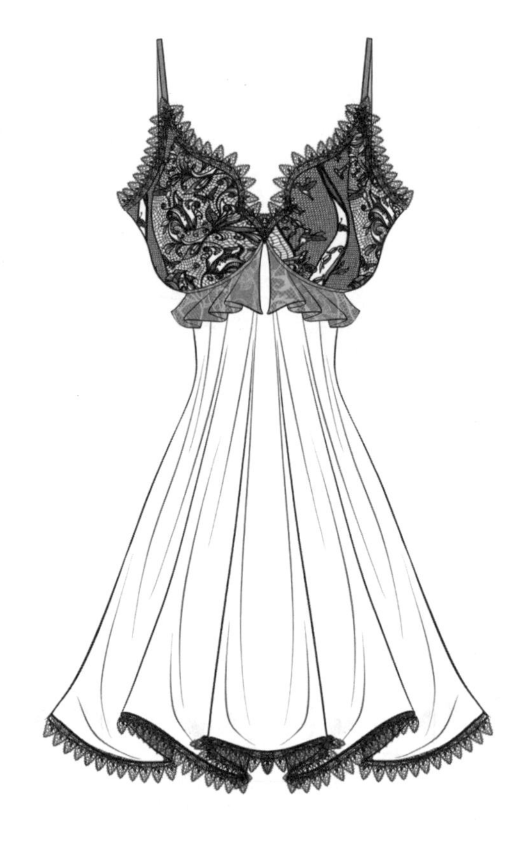

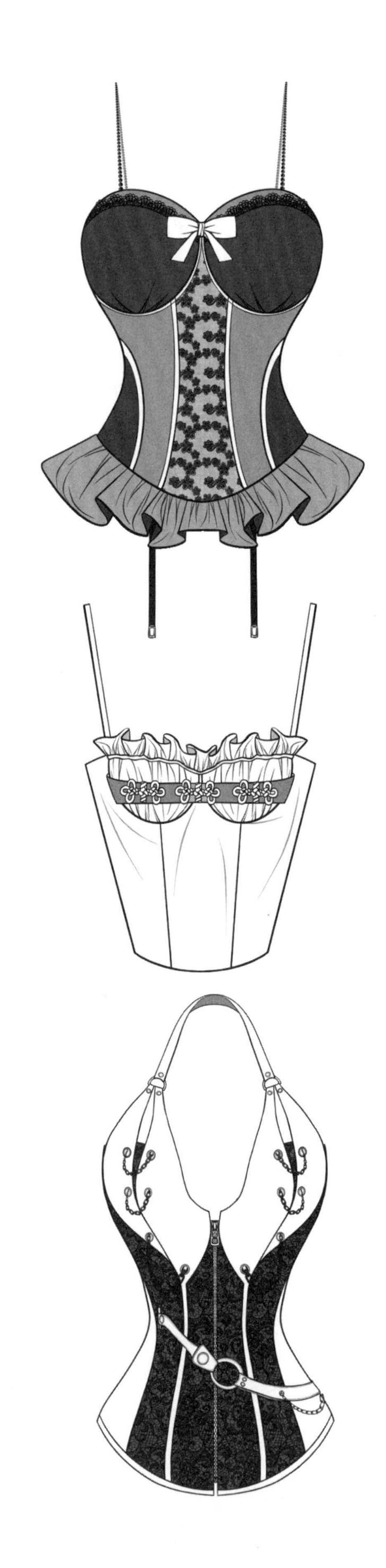

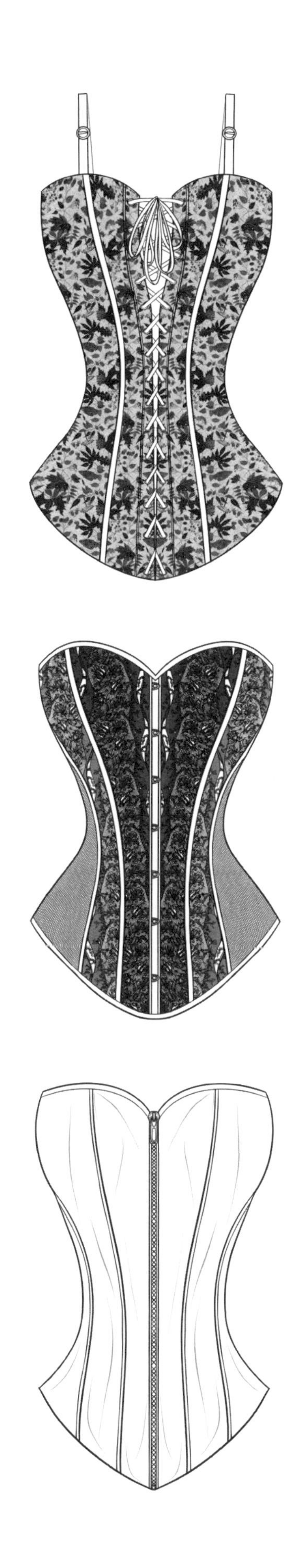

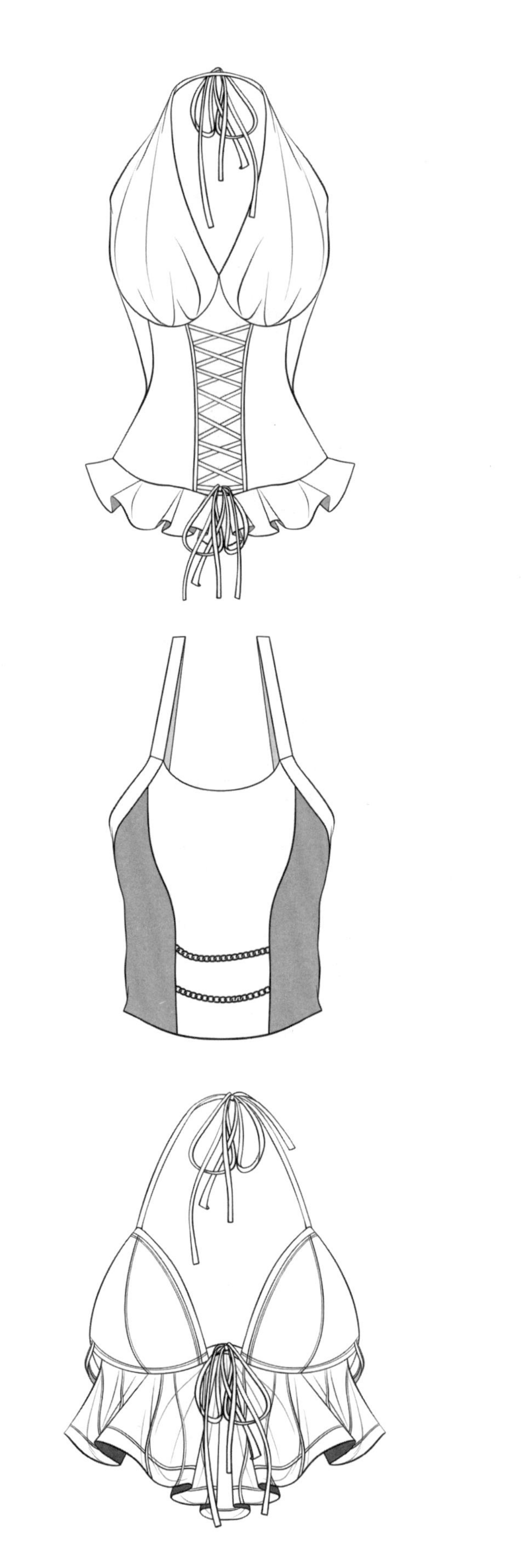

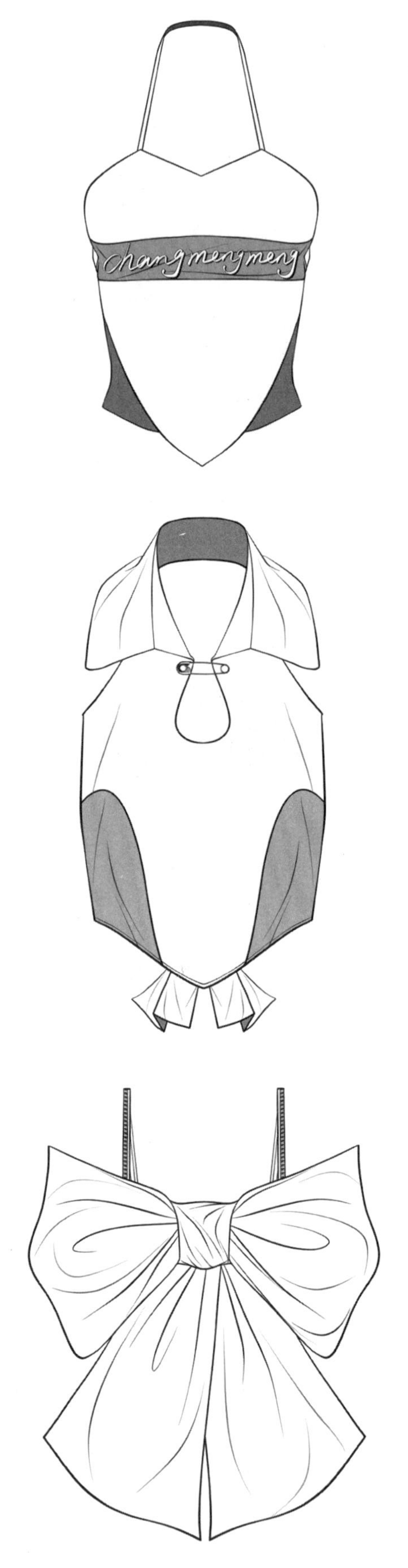
zhangmengmeng

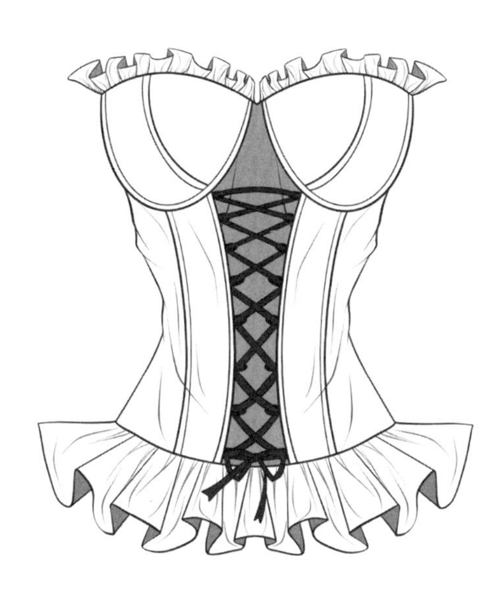

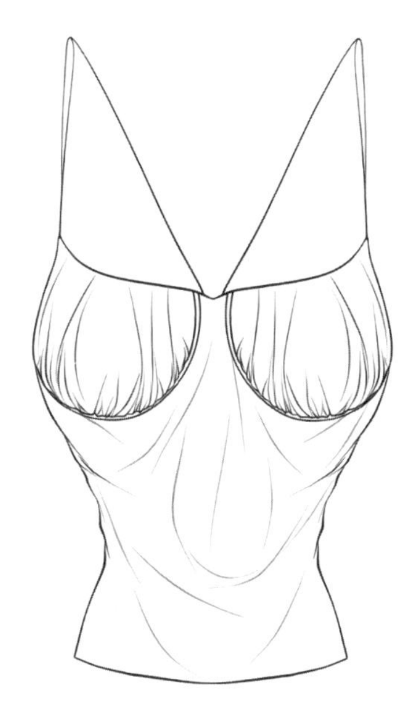

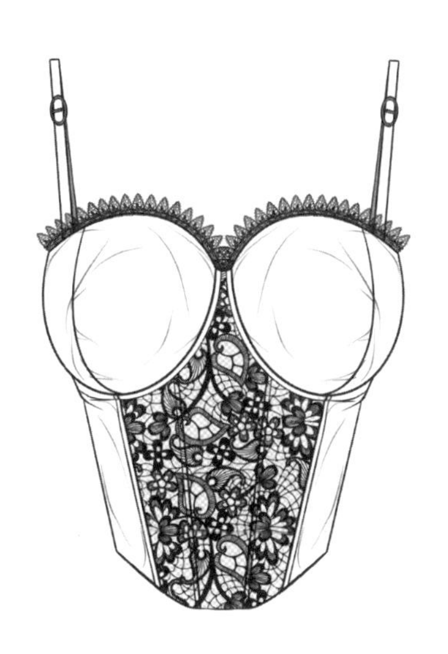

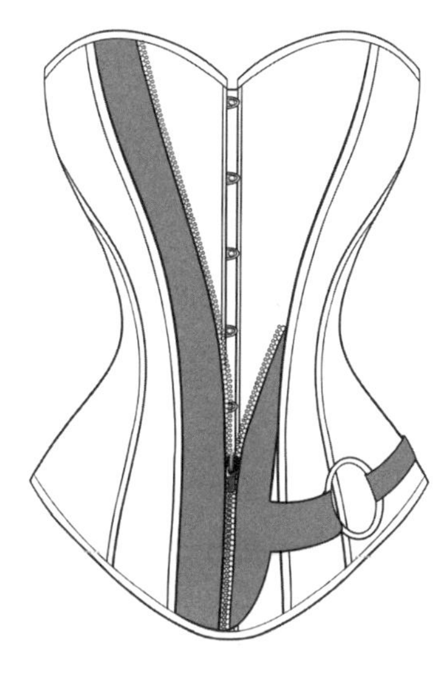

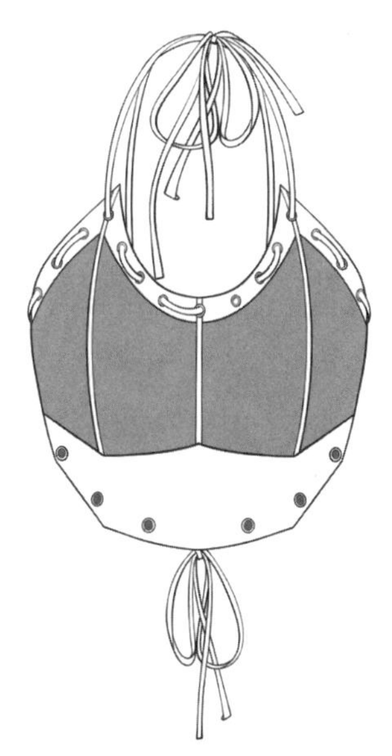

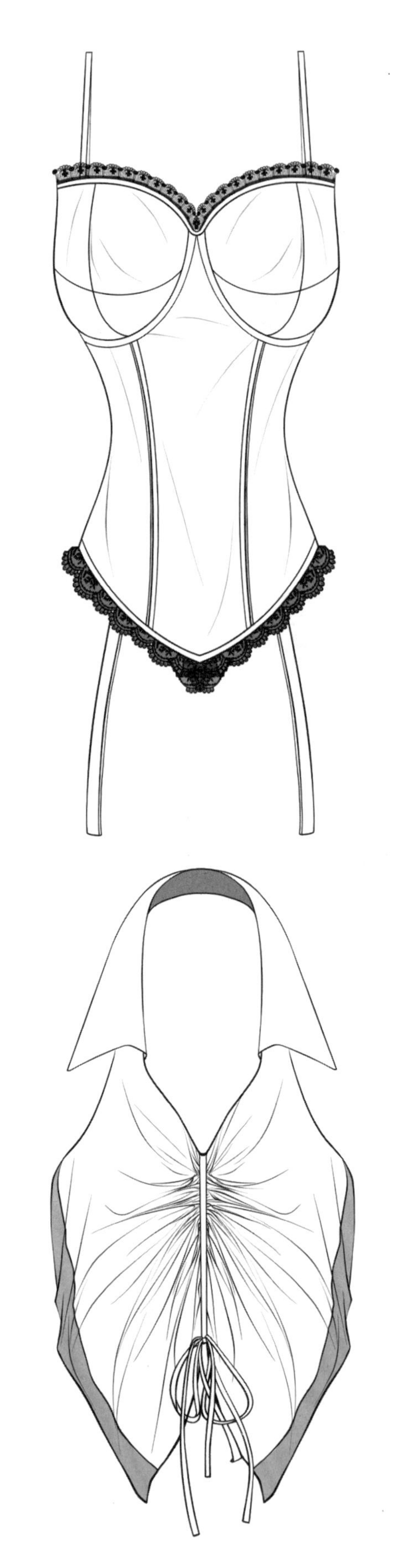

3.3 泳衣

泳衣指游泳时所穿的衣服。一般以涤纶面料、锦纶面料或杜邦莱卡面料为主要材质，有遇水不松垂、不鼓胀的特点。按照款式划分，泳衣可以分为一体式泳衣、两片式泳衣、筒式泳衣和三件套泳衣等。在款式设计中，要考虑穿着的美观度、装饰性和舒适度设计款式，并结合当下流行趋势，如不对称设计、镂空式设计、性感挂脖设计、交叉绑带设计等手法完成款式设计。

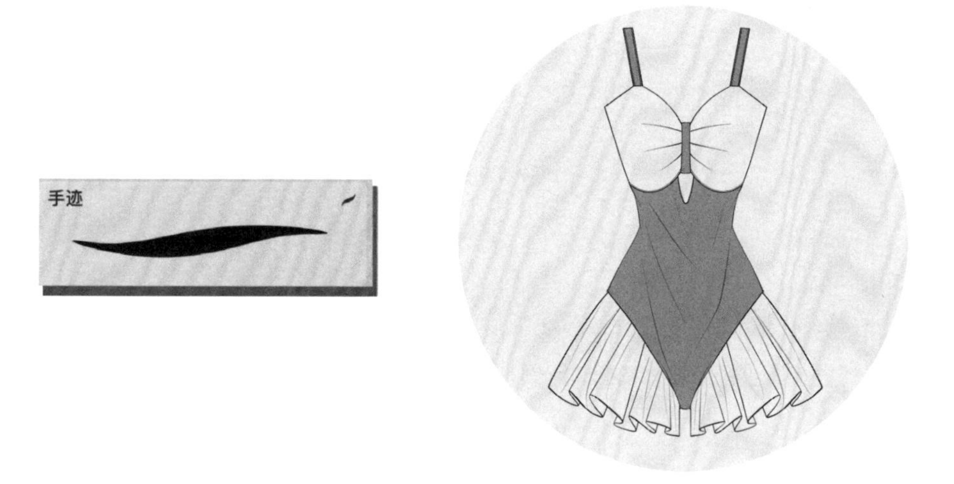

这是一款简约风格的一体式泳衣，在绘制过程中要注意底摆荷叶摆的垂感。

◎设计步骤解析

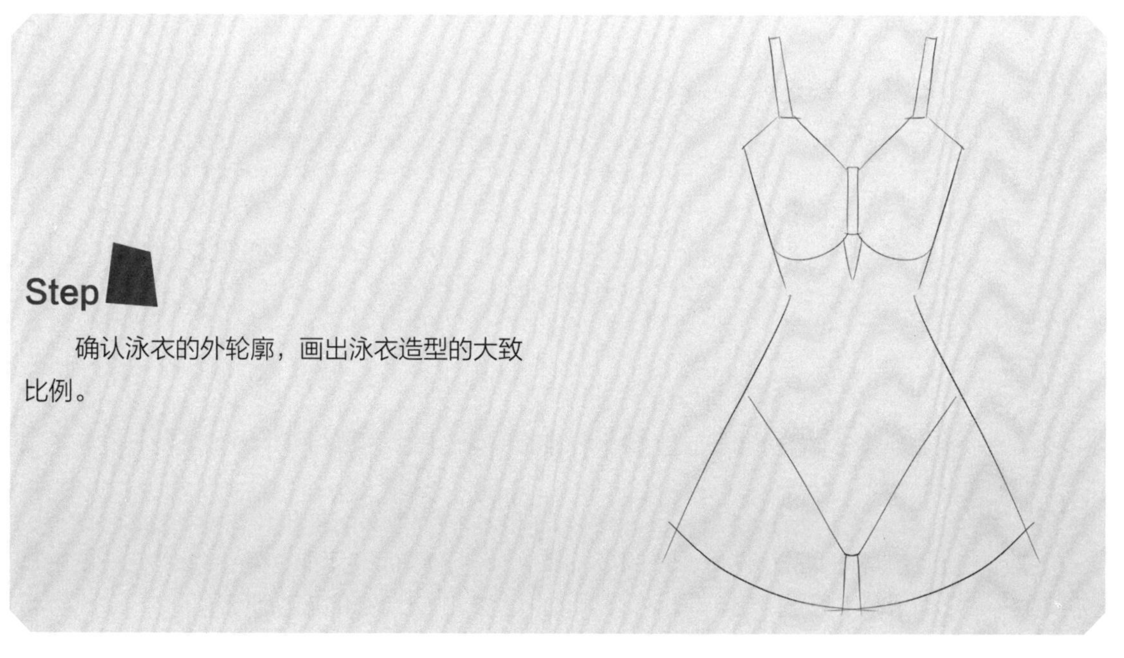

确认泳衣的外轮廓，画出泳衣造型的大致比例。

Step

降低步骤 1 的透明度，并在此基础上新建图层，建立出泳衣的外轮廓和细节比例。

Step

降低步骤 2 的透明度，并在此基础上新建图层，用顺滑的线条绘制出泳衣的外轮廓和荷叶底摆。

Step

在此基础上，新建图层，绘制出泳衣的褶皱暗纹线。

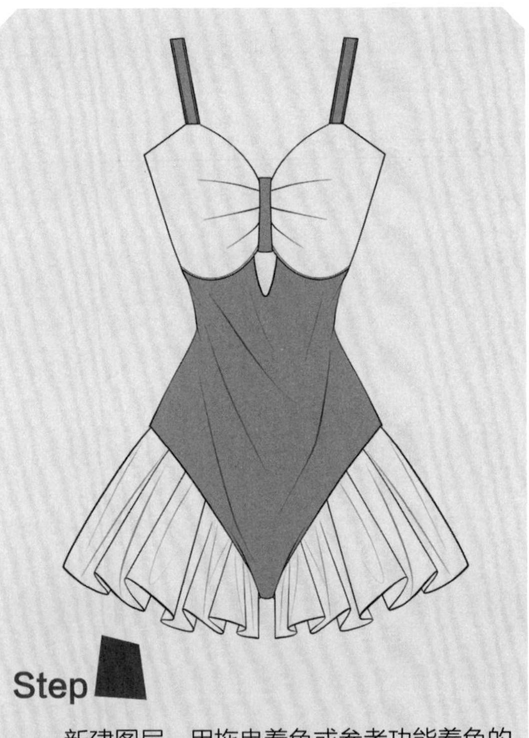

Step

新建图层，用拖曳着色或参考功能着色的方法，画出泳衣的暗部即可。

◎泳衣的款式范例

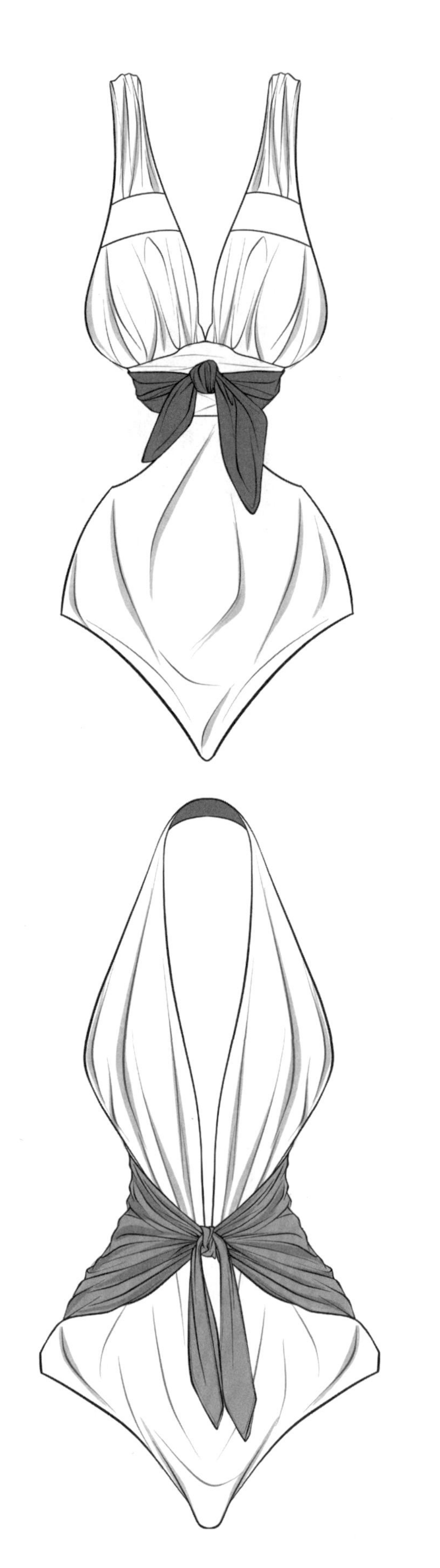

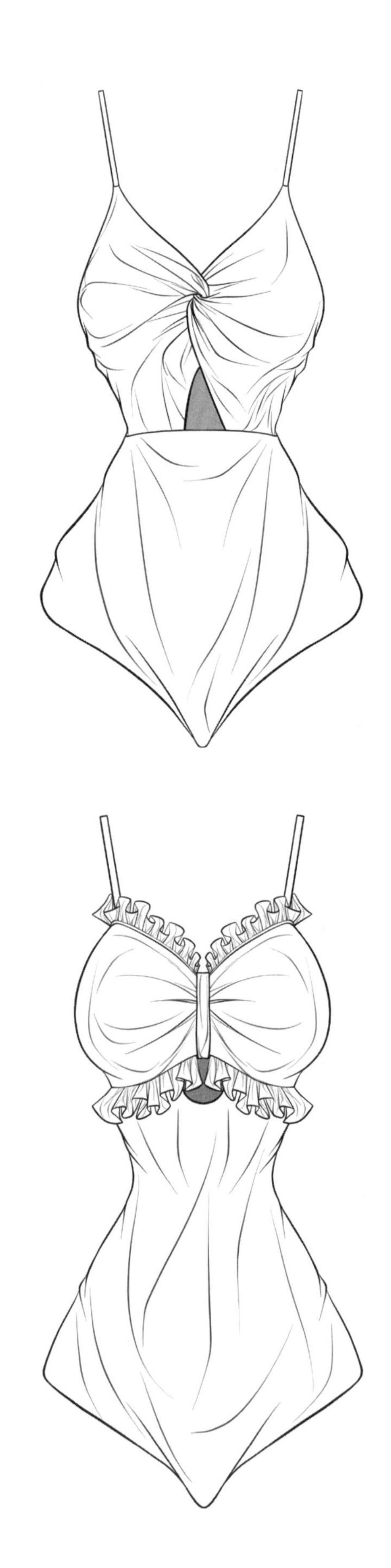

3.4 连衣裙

连衣裙指衣身和裙子为一体的裙装，装饰性强，受到较多女性喜爱。按照款式风格分类，可分为休闲连衣裙、职业装连衣裙、礼服连衣裙、度假风连衣裙等；按照材质分类，可以分为棉麻类连衣裙、牛仔连衣裙、皮革连衣裙、雪纺连衣裙、蕾丝连衣裙等；按照廓形分类，可以分为吊带连衣裙、直身裙、A 字连衣裙、伞状连衣裙等；按照长度分类，可以分为超短款连衣裙、短款连衣裙、中长款连衣裙、长款连衣裙和及地连衣裙。

这是一款度假风格的露肩式连衣裙，雪纺材质，浪漫而飘逸，在绘制过程中要注意荷叶边的绘制。

◎设计步骤解析

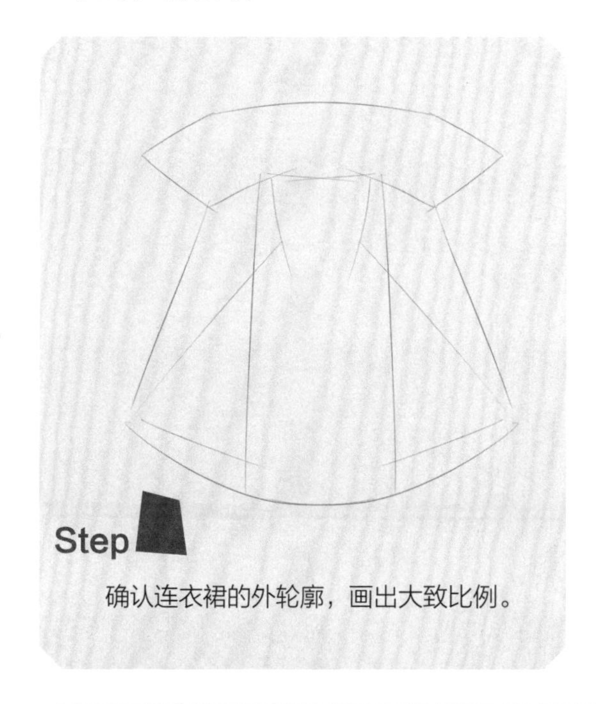

确认连衣裙的外轮廓，画出大致比例。

降低步骤 1 的透明度，并在此基础上新建图层，绘制出连衣裙的大致外轮廓和内部结构。

关闭步骤 1 图层，在步骤 2 的基础上新建图层，以顺滑的线条绘制出线稿和褶皱线。

新建图层，用拖曳着色或参考功能着色的方法，画出连衣裙的暗部即可。

◎连衣裙的款式范例

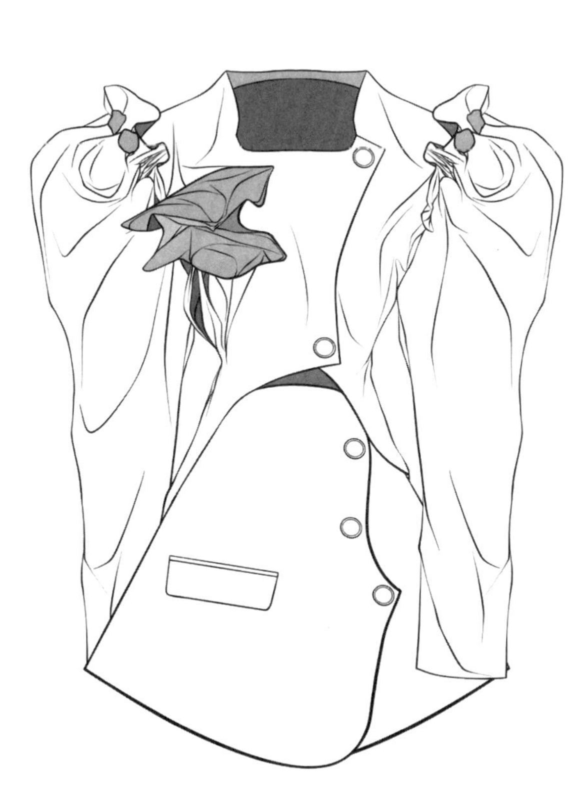

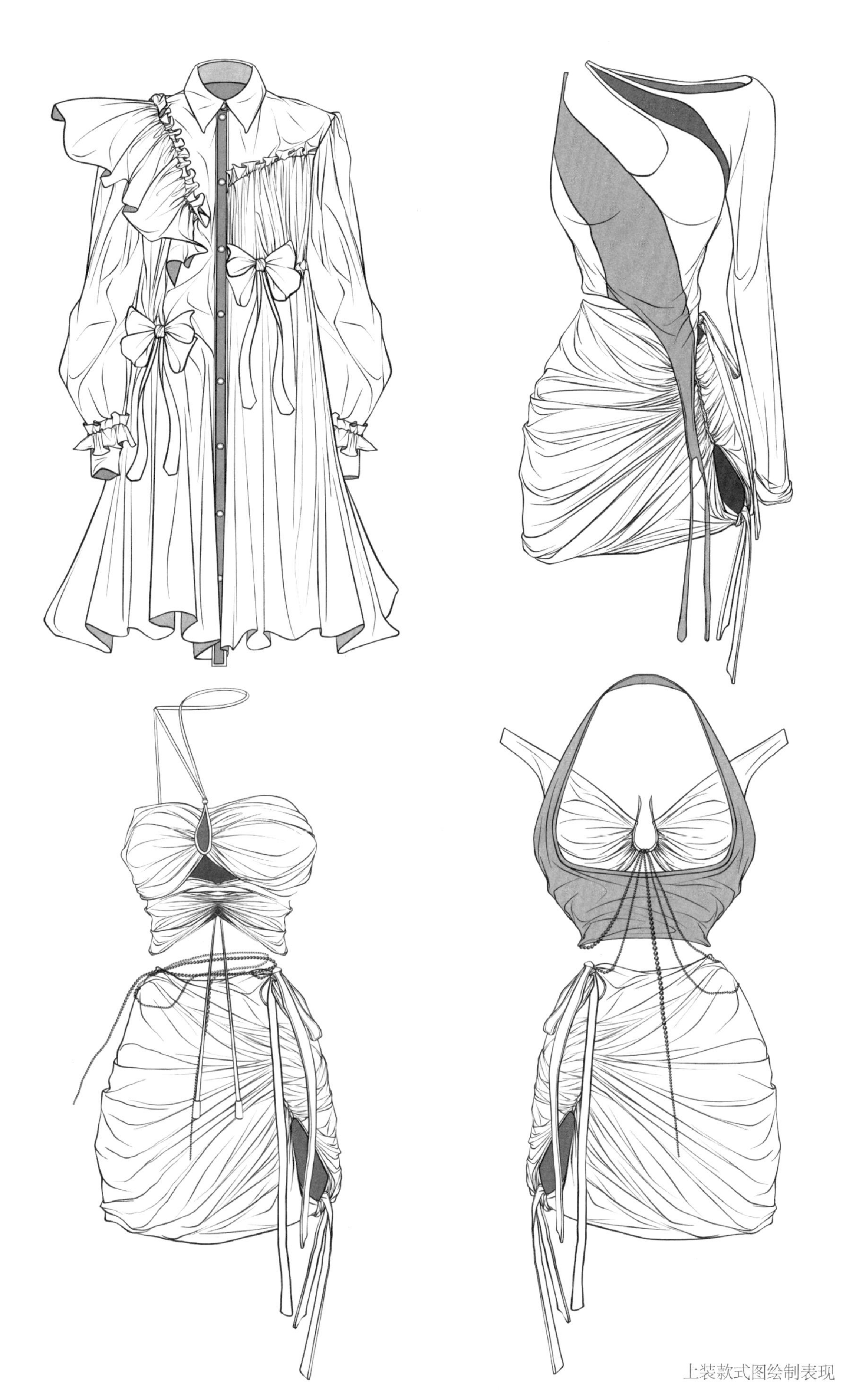

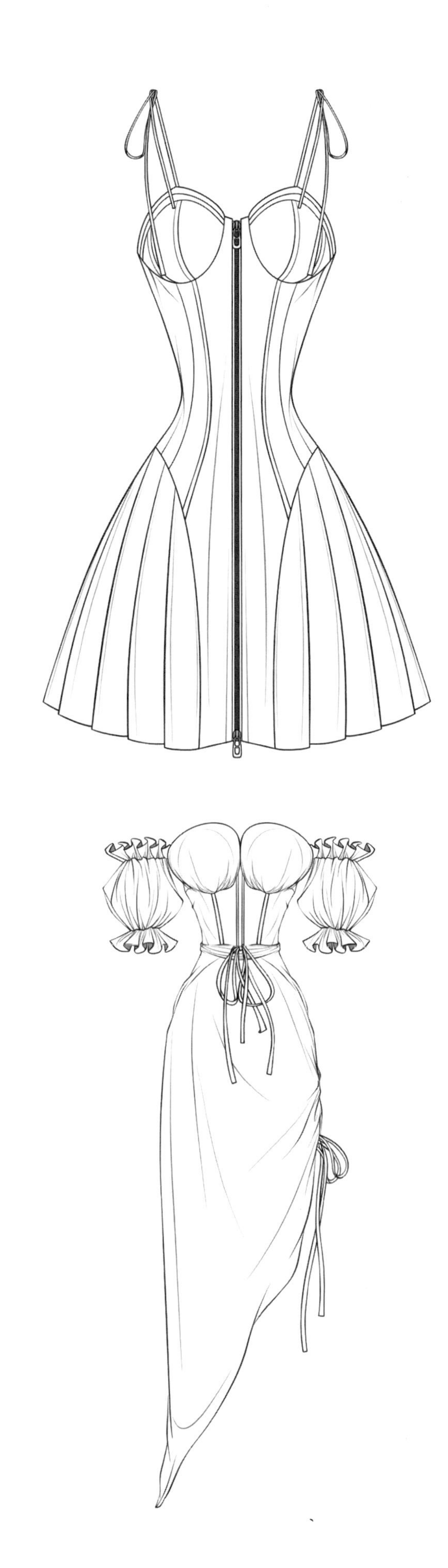

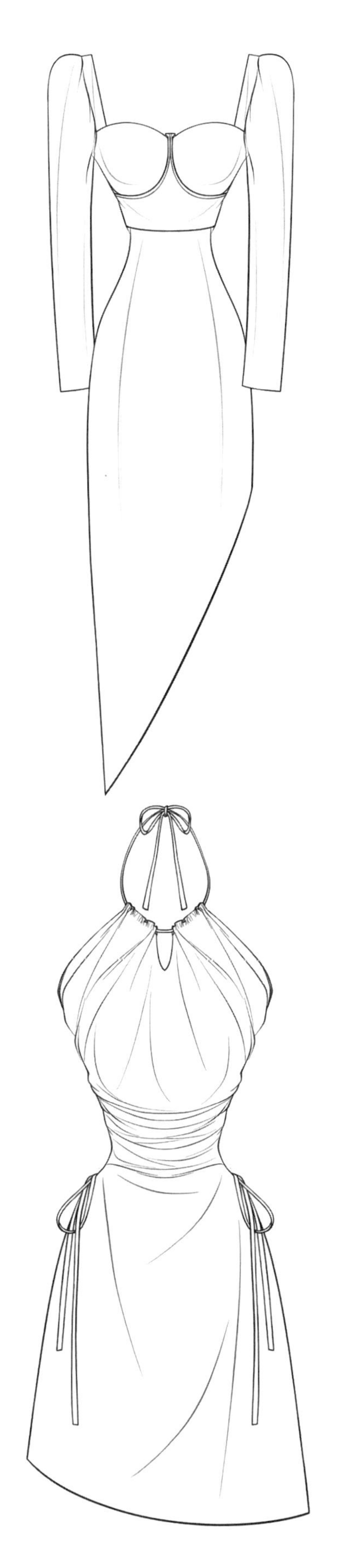

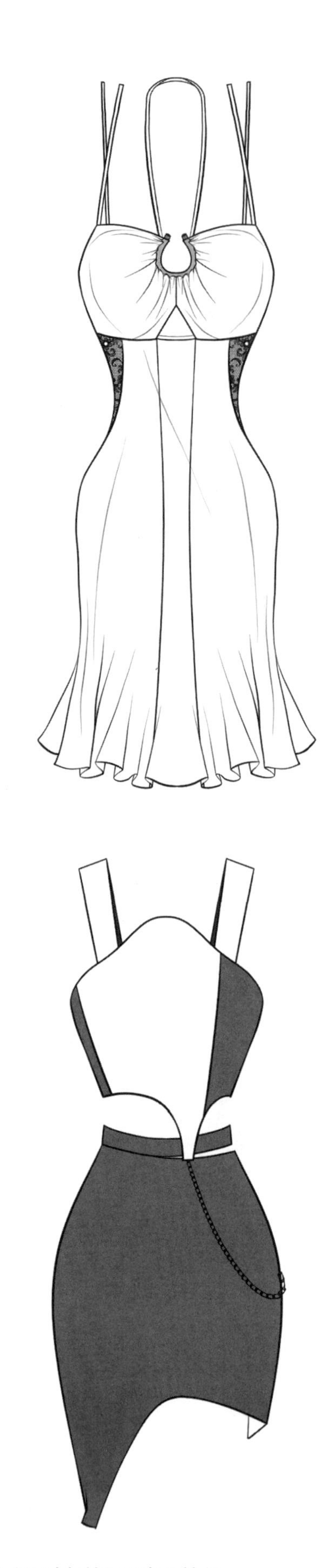

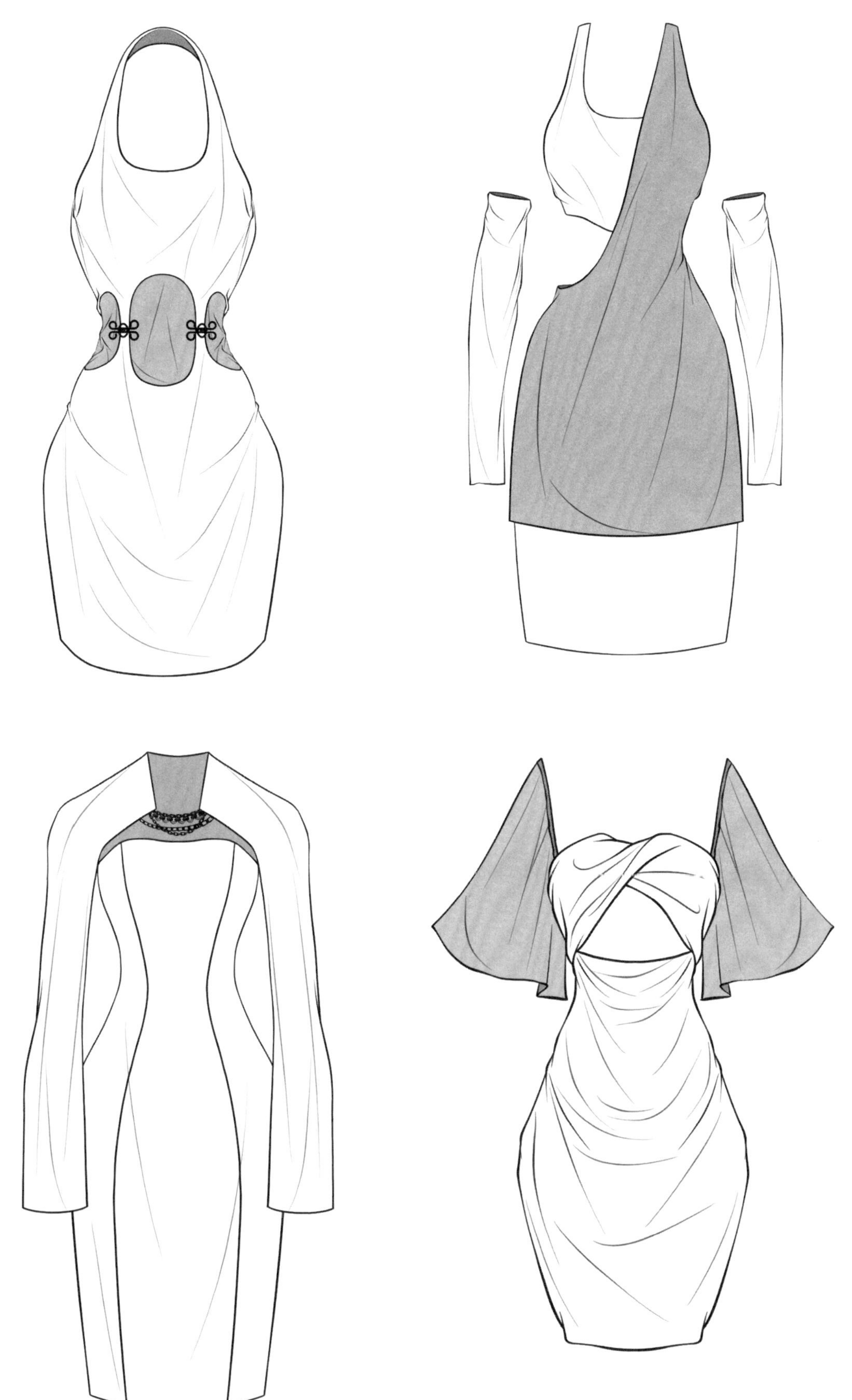

3.5 西装

西装，又称西服，洋装，指西式服装或西式套装。按照款式分类，可以分为休闲西装、职业西装和宴会西装。休闲西装注重款式的舒适性和时尚性；职业西装廓形挺阔、线条流畅，多穿着于正式场合；宴会西装富有戏剧性和装饰性。在款式设计中，可以从西装的领子、门襟、廓形等作创意设计。

这是一款偏学院风的休闲类西式套装，在绘制过程中，要把握整体套装的设计特点，按步骤循序渐进。

◎设计步骤解析

Step

确认套装的外轮廓，画出大致比例。

Step

降低步骤 1 的透明度，并在此基础上新建图层，绘制出套装的大致外轮廓和内部结构。

Step

关闭步骤 1 图层，在步骤 2 的基础上，新建图层，以顺滑的线条绘制出线稿和褶皱线。

Step

新建图层，用拖曳着色或参考功能着色的方法，画出套装的暗部即可。

◎西装的款式范例

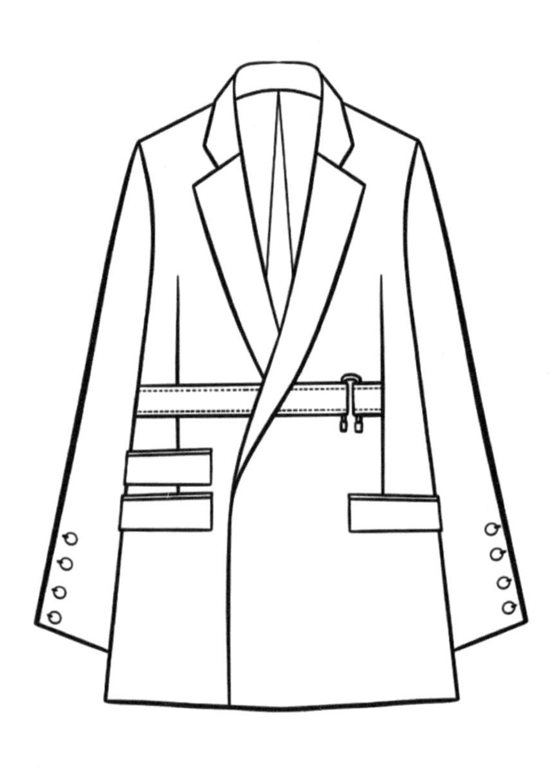

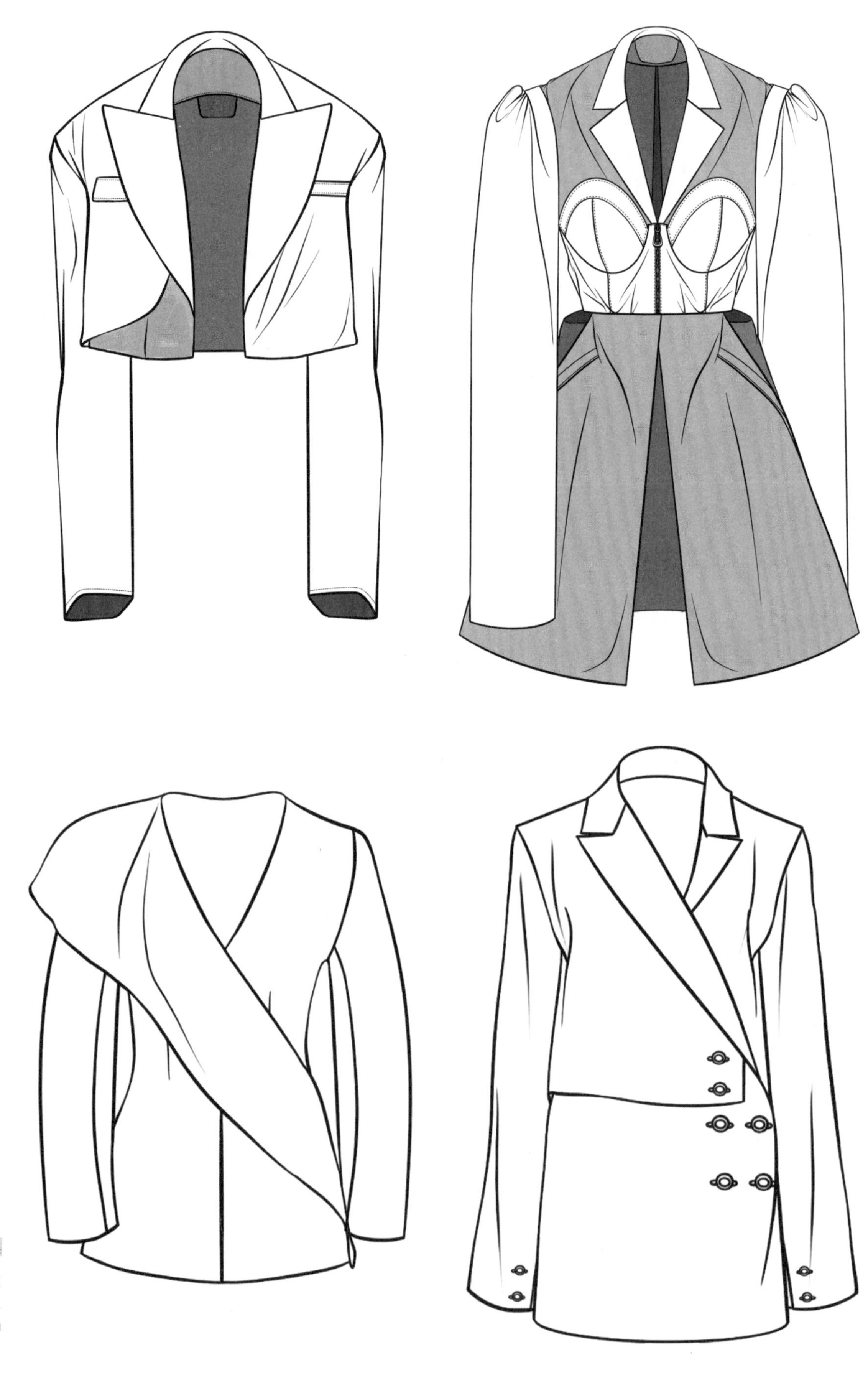

3.6 皮草

皮草指利用动物的皮毛制成的服装，皮草马甲和皮草外套居多。在款式设计中，可以从材料的异质拼接、肩袖的色彩拼接、口袋的创意设计、领子的设计、毛边工艺等方面进行创意设计。

这是一款不规则领形设计的皮草外套，在绘制的过程中，要注意整件皮草的毛流走向和内外结构。

◎设计步骤解析

Step

确认皮草的外轮廓，画出大致比例。

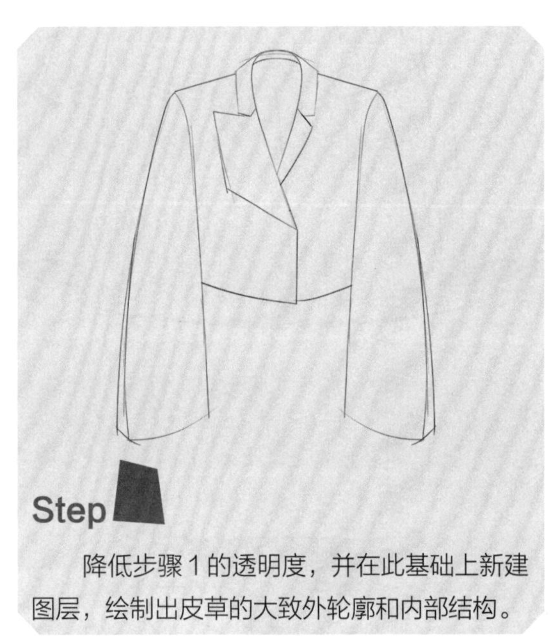

Step

降低步骤 1 的透明度，并在此基础上新建图层，绘制出皮草的大致外轮廓和内部结构。

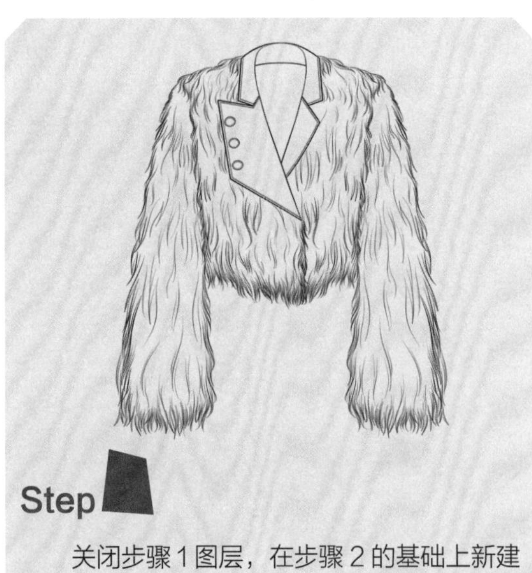

Step

关闭步骤 1 图层，在步骤 2 的基础上新建图层，以顺滑的线条绘制出线稿和褶皱线，注意皮草的毛流感和走向。

Step

新建图层，用拖曳着色或参考功能着色的方法，画出皮草的暗部即可。

◎皮草的款式范例

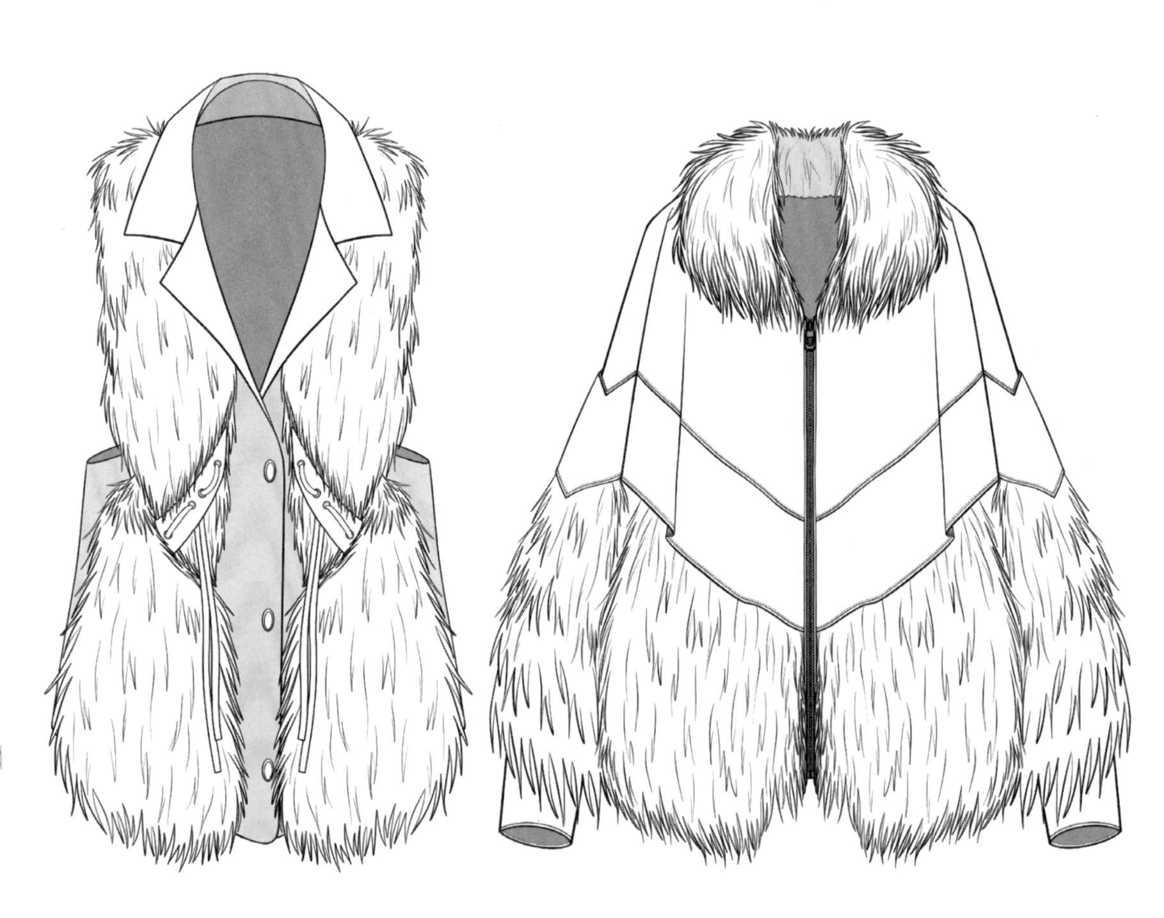

3.7 羽绒服

羽绒服，以内胆填充羽绒为填料的衣服，廓形隆起或圆润，质地轻薄、柔软，保暖性较好，适合寒冷地区穿着。在设计过程中，可以从绗缝工艺、廓形变化、色彩碰撞、解构主义等方面进行创意款式设计。

这是一款结合绗缝工艺的羽绒服，在绘制过程中，要把握整体套装的造型特点，注意袖子的设计，按步骤循序渐进。

◎设计步骤解析

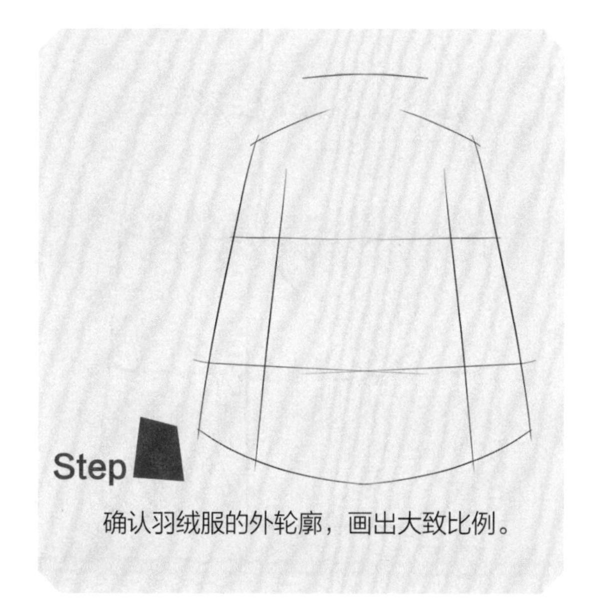

确认羽绒服的外轮廓，画出大致比例。

降低步骤 1 的透明度，并在此基础上新建图层，绘制出羽绒服的大致外轮廓和内部结构。

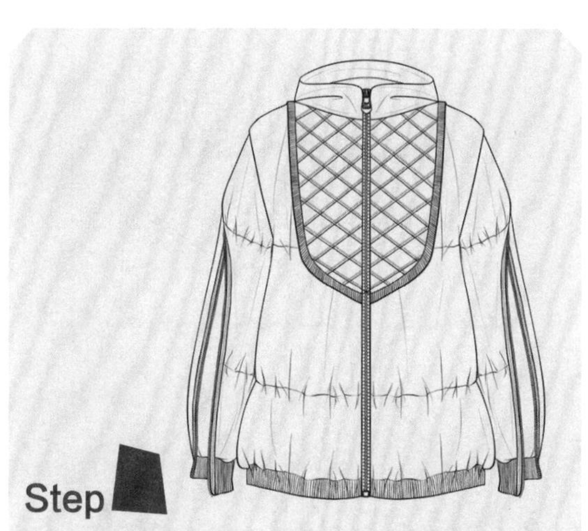

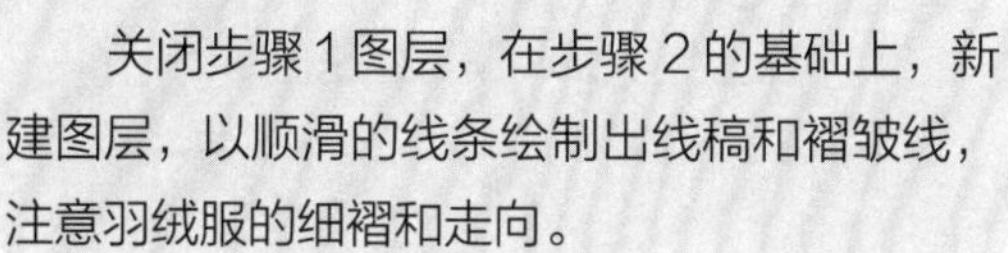

关闭步骤 1 图层，在步骤 2 的基础上，新建图层，以顺滑的线条绘制出线稿和褶皱线，注意羽绒服的细褶和走向。

新建图层，用拖曳着色或参考功能着色的方法，画出羽绒服的暗部即可。

◎羽绒服的款式范例

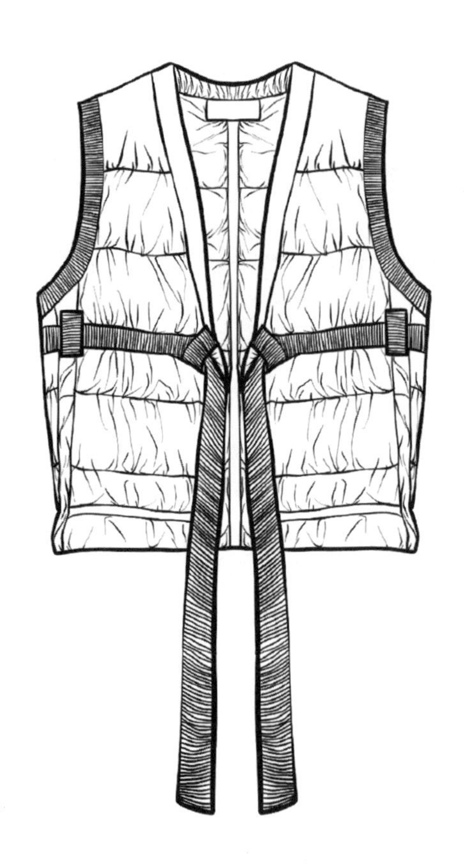

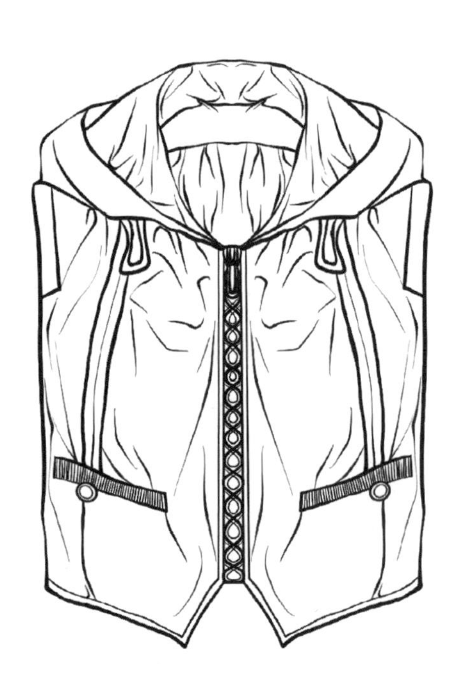

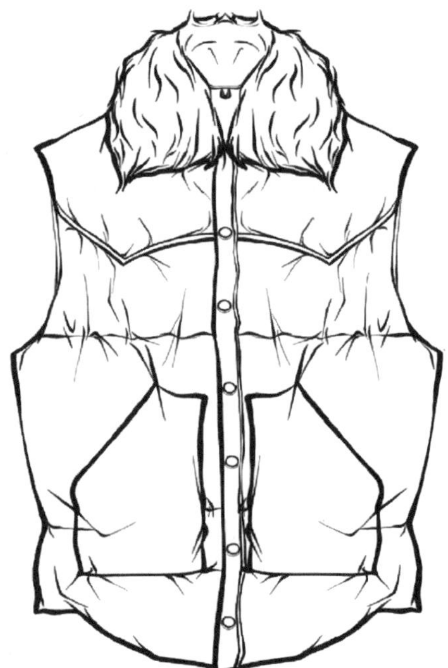

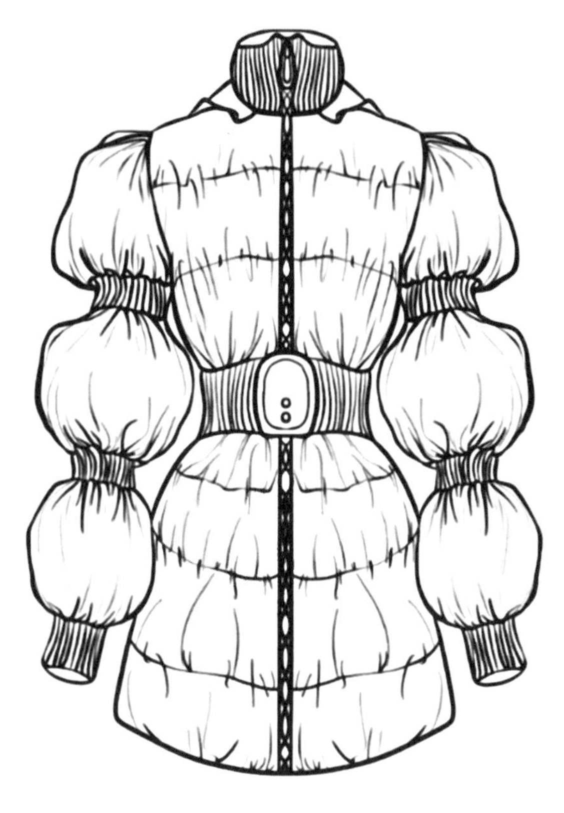

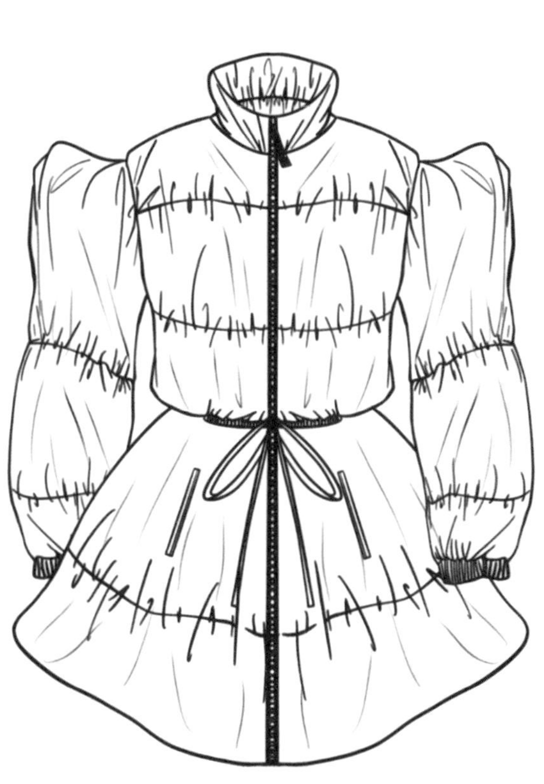

3.8 大衣

大衣指穿在内搭外面以防风御寒的外套。按照长度分类，大衣包括短款大衣、中长款大衣和长款大衣；按照材质分类，大衣包括呢大衣、棉大衣、羊绒大衣、裘皮大衣、皮草大衣等；在设计过程中，可以从大衣的腰线、垫肩、精致滚边、版型等方面展开创意款式设计。

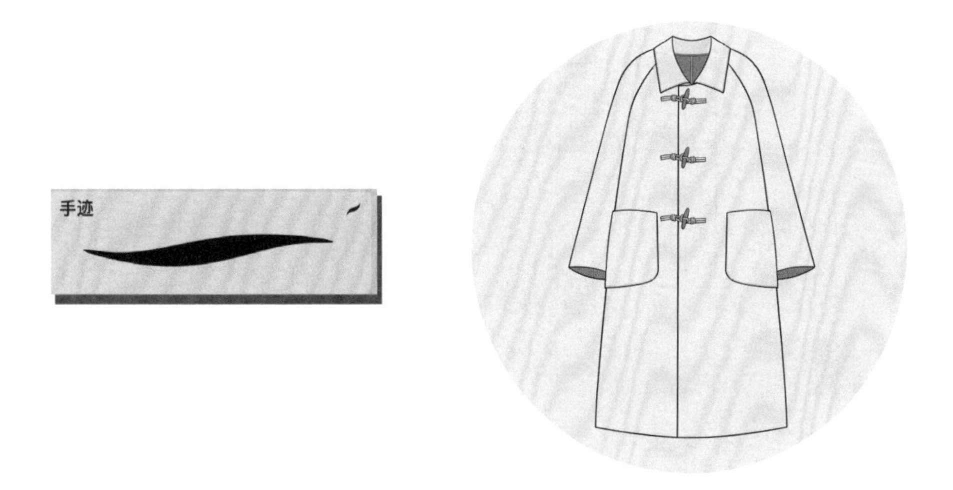

这是一款偏学院风的休闲类基础款大衣，在绘制过程中，要把握整体套装的设计特点，按步骤循序渐进。

◎设计步骤解析

确认大衣的外轮廓，画出大致比例。

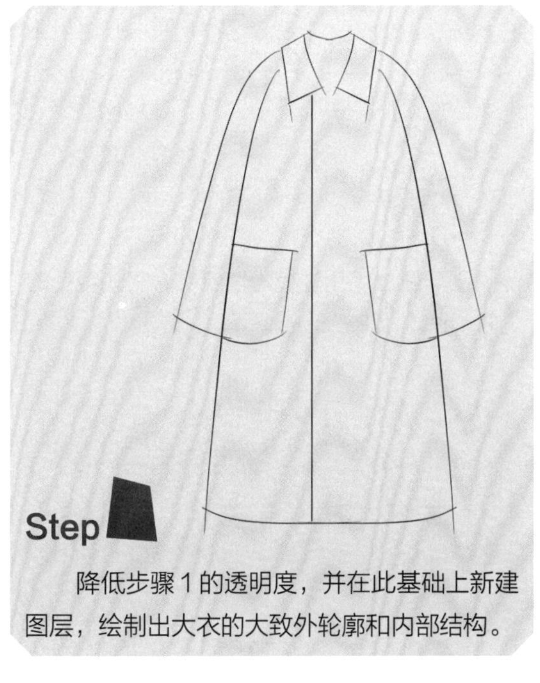

降低步骤 1 的透明度，并在此基础上新建图层，绘制出大衣的大致外轮廓和内部结构。

Step

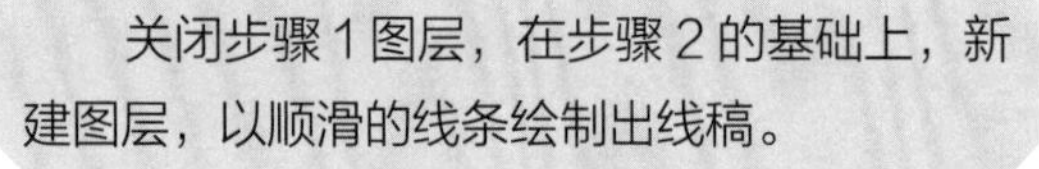

关闭步骤 1 图层，在步骤 2 的基础上，新建图层，以顺滑的线条绘制出线稿。

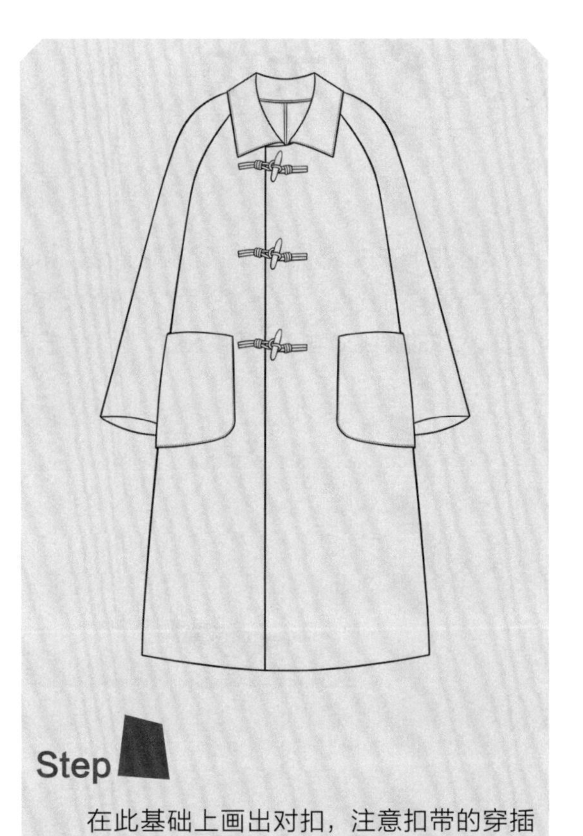

Step

在此基础上画出对扣，注意扣带的穿插关系。

Step

新建图层，用拖曳着色或参考功能着色的方法，画出大衣的暗部即可。

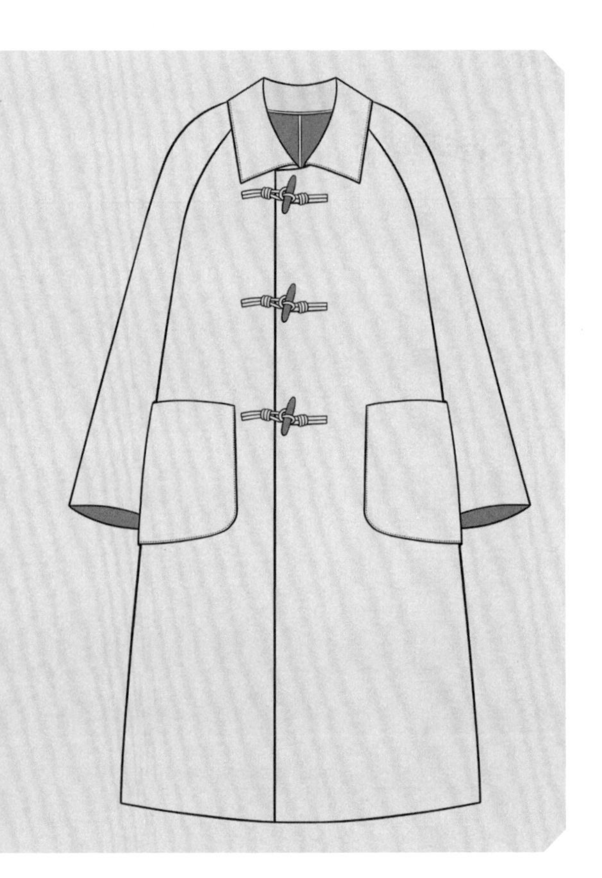

◎大衣的款式范例

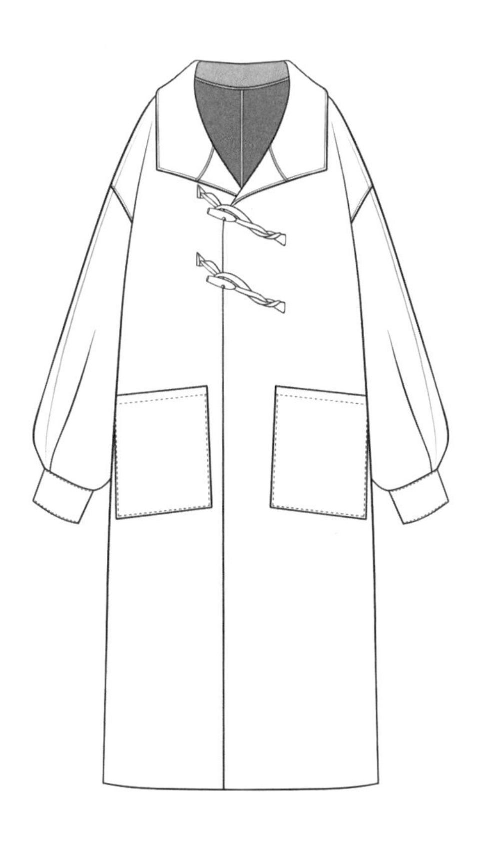

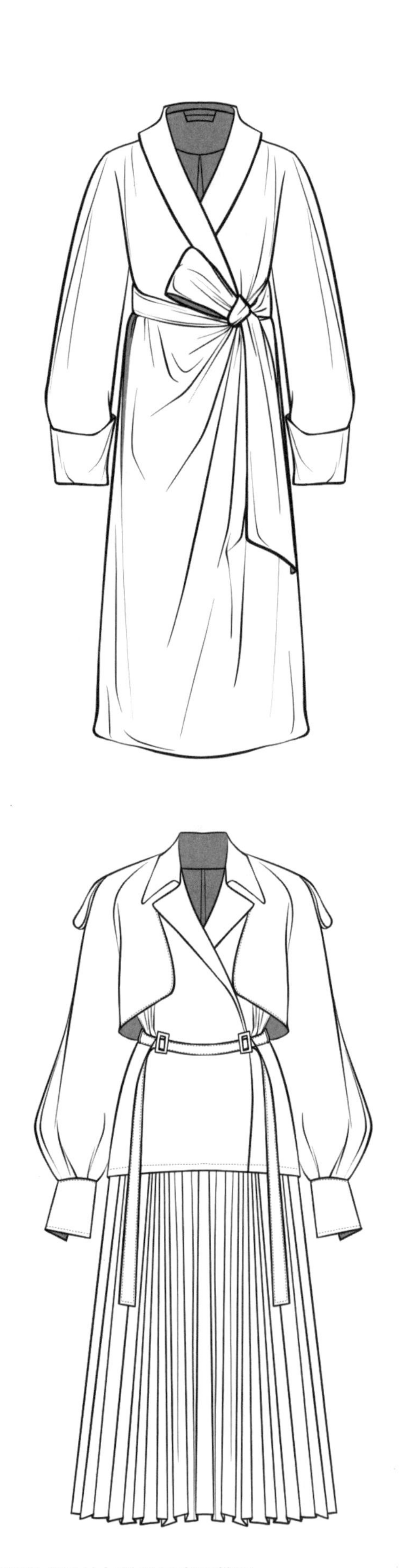

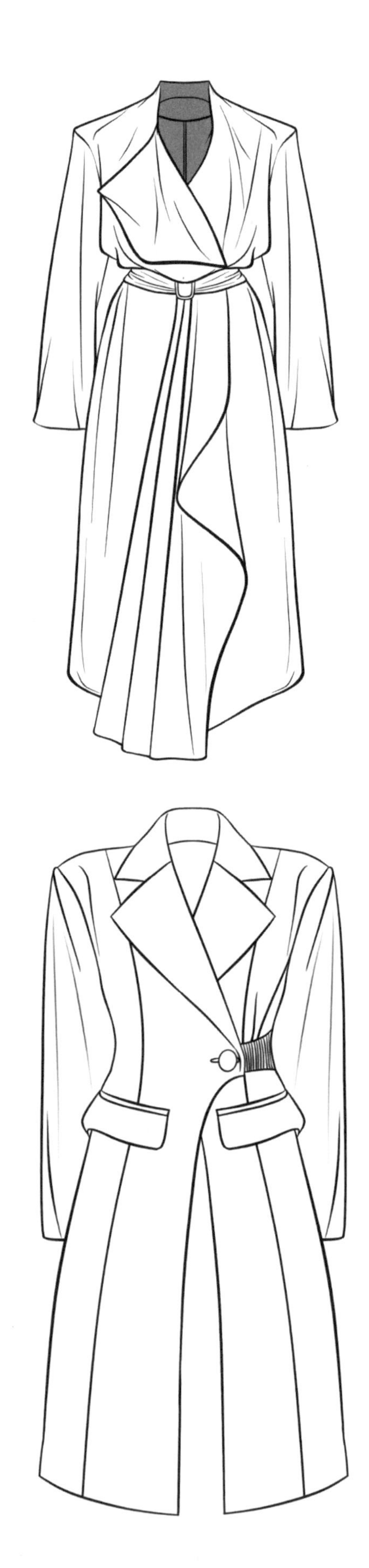

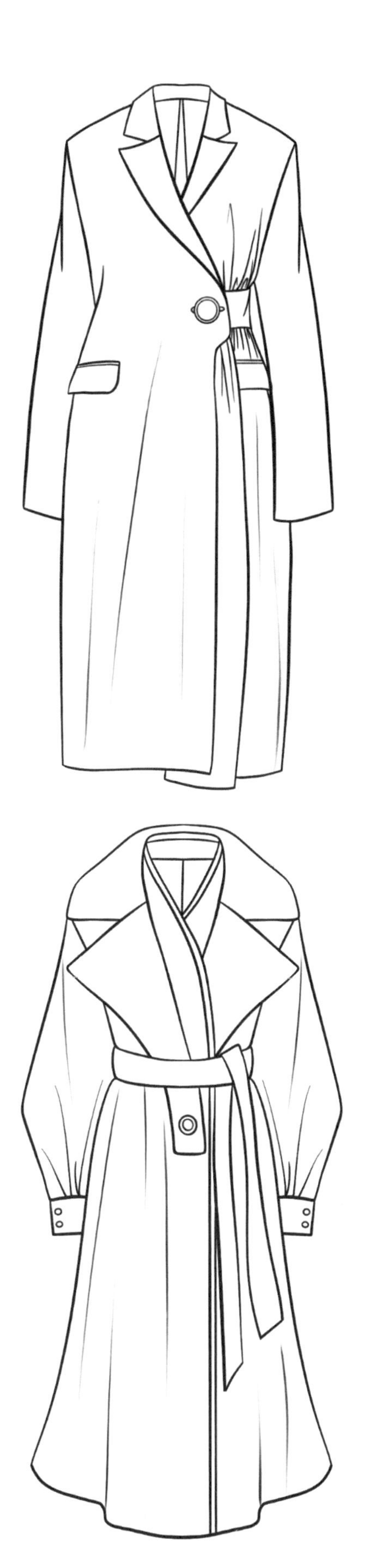

第4章 下装款式图绘制表现

在服装设计中，下装通常是指穿在人体下身的服装，主要包含裤子和半裙，裤子是人们日常生活中主要穿着的服装。按照长短划分，裤子可以分为短裤、五分裤、七分裤、长裤和背带裤；按照款式划分，裤子可以分为紧身裤、直筒裤、西裤、喇叭裤、哈伦裤等；按照材质划分，裤子可以分为棉麻裤、牛仔裤、羊绒裤、羊毛裤、皮裤和灯芯绒裤等；按照场合划分，裤子又分为热裤、休闲裤、运动裤、沙滩裤、打底裤等。在本章中，按照款式长度，将短裤、五分裤、七分裤、长裤、背带裤和半裙分别重点讲解分析，并辅以款式范例，以便参考绘制。

4.1 短裤

短裤，按照腿的长度，在膝盖以上的统称为短裤。短裤以其简单舒适的廓形让众多人喜欢，可谓是夏季人们的必备单品。在款式设计中，可以多深挖短裤的局部细节，如腰线、口袋、分割线等。

这是一款以不规则腰头为主要元素的短裤设计，在绘制过程中，要注意整体造型的体积感塑造和结构关系。

◎设计步骤解析

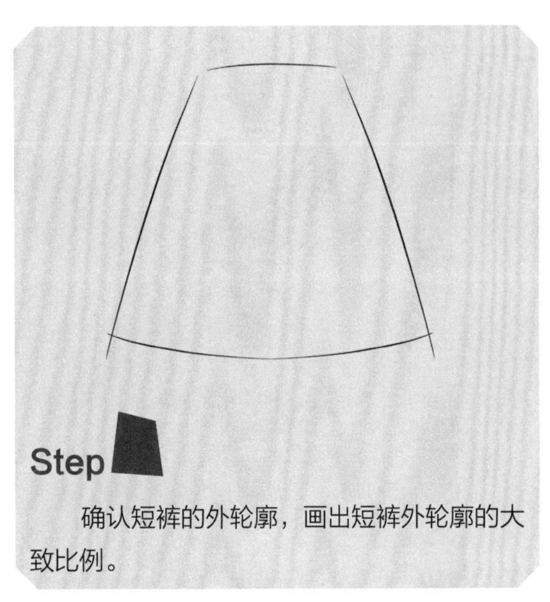

Step

确认短裤的外轮廓，画出短裤外轮廓的大致比例。

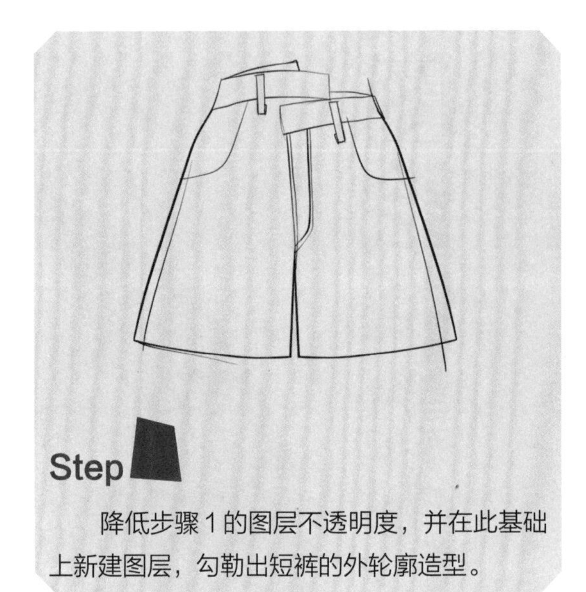

Step

降低步骤 1 的图层不透明度，并在此基础上新建图层，勾勒出短裤的外轮廓造型。

Step

关闭步骤1，在步骤2的基础上，新建图层，以顺滑的线条勾出短裤的外轮廓和内结构。

Step

新建图层，用拖曳着色或参考功能着色的方法，画出短裤的暗部即可完成款式绘制。

◎短裤的款式范例

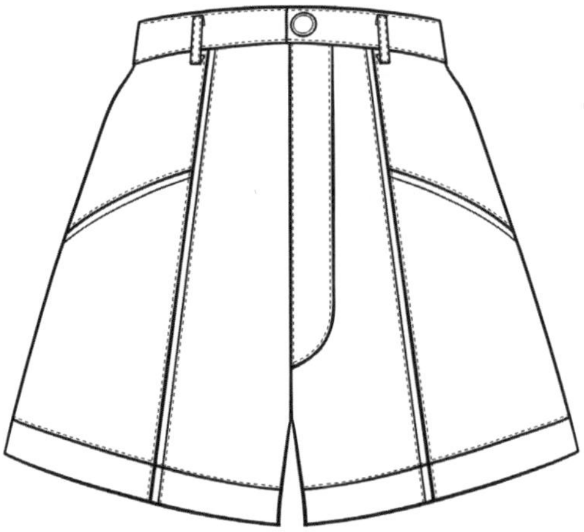

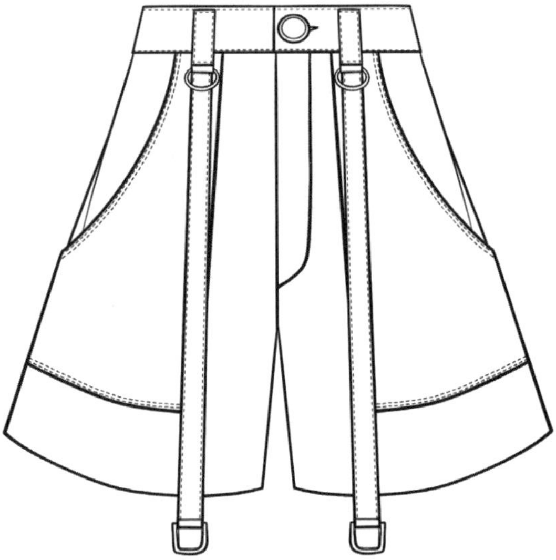

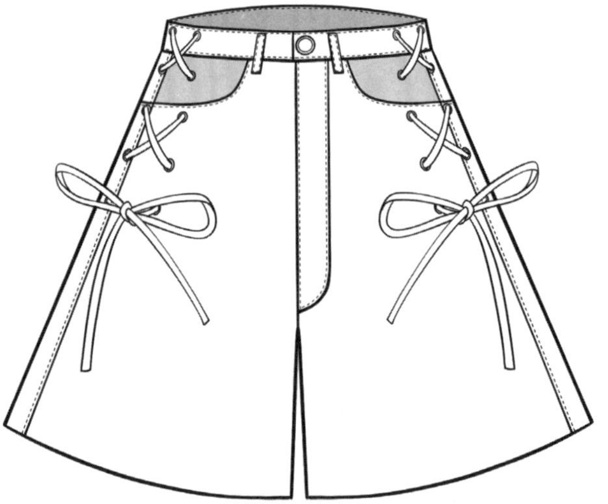

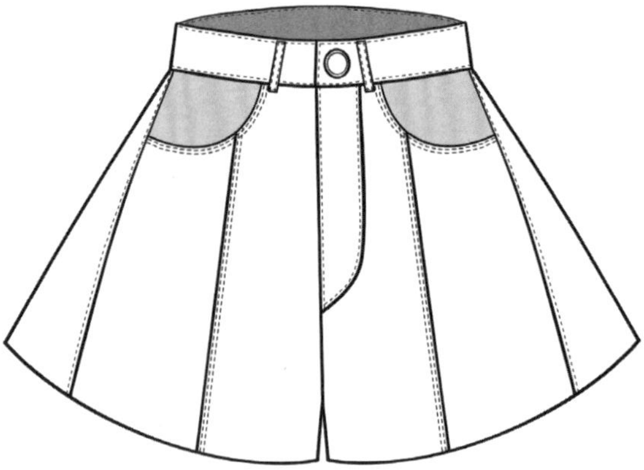

4.2 五分裤

五分裤长度大约在腿部的膝盖部位，为长裤的 1/2，因此又称为半裤。常常与衬衫、西装和吊带等做搭配。在款式设计中，除了特别场合外，五分裤通常都是较为宽松的设计，对身材的包容性更强，可以做款式细节设计。

这是一款束口式的抽绳腰头设计，在绘制过程中，要注意塑造腰头褶皱的层次感。

◎设计步骤解析

Step

确认五分裤的外轮廓，画出短裤外轮廓的大致比例。

Step

降低步骤 1 的图层不透明度，并在此基础上新建图层，勾勒出五分裤的外轮廓造型。

Step

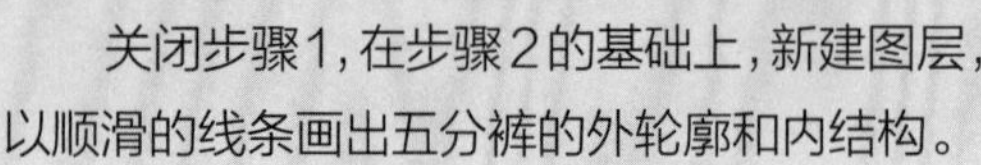

关闭步骤1，在步骤2的基础上，新建图层，以顺滑的线条画出五分裤的外轮廓和内结构。

Step

新建图层，用拖曳着色或参考功能着色的方法，画出五分裤的暗部即可完成款式绘制。

◎五分裤的款式范例

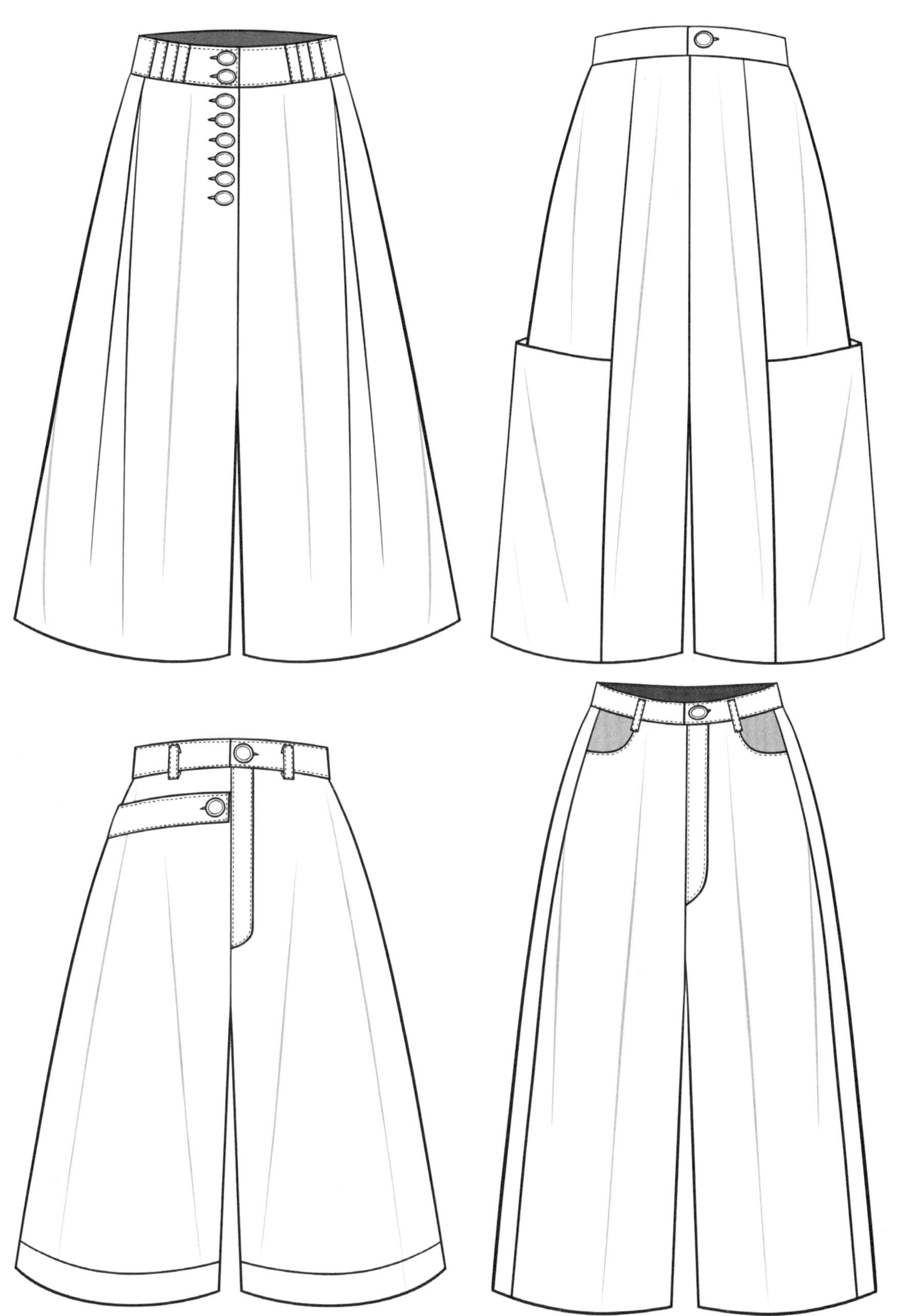

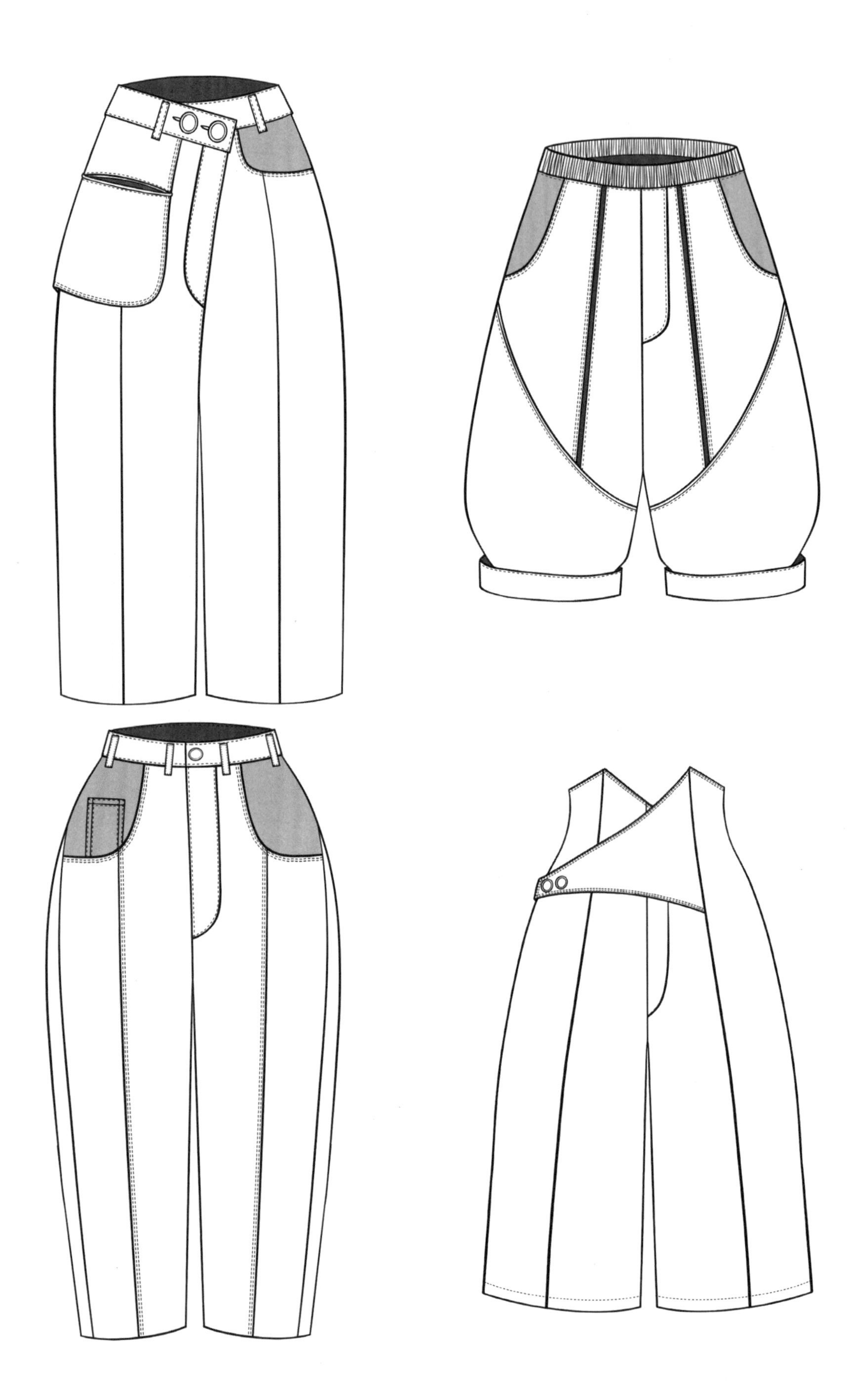

4.3 七分裤

七分裤是指按照腿的长度，在膝盖以下小腿部分的裤子。在款式设计中，可以从款式的版型、面料和色彩以及细节上做设计。

这是一款有荷叶边立体造型的七分裤设计，在绘制过程中，要注意立体造型的塑造和抽绳的画法。

◎设计步骤解析

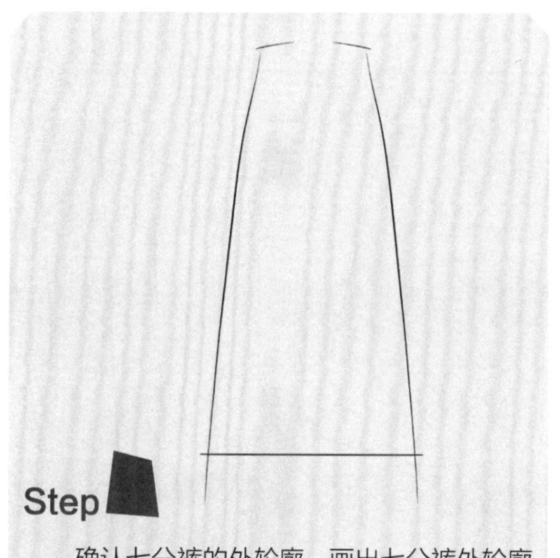

Step

确认七分裤的外轮廓，画出七分裤外轮廓的大致比例。

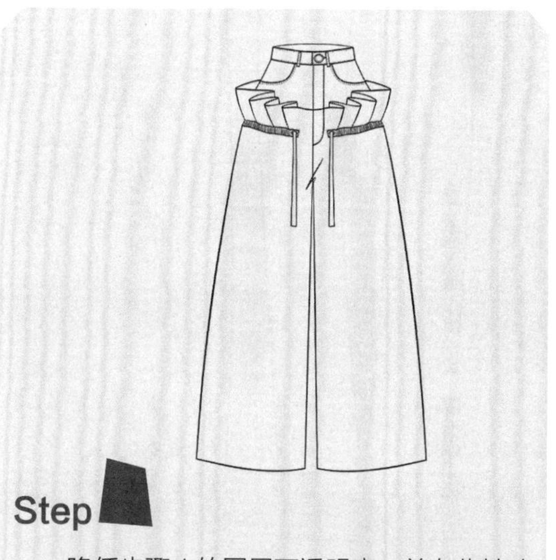

Step

降低步骤 1 的图层不透明度，并在此基础上新建图层，勾勒出七分裤的外轮廓造型。

Step

关闭步骤 1，在步骤 2 的基础上，新建图层，以顺滑的线条画出出七分裤的外轮廓和内结构。

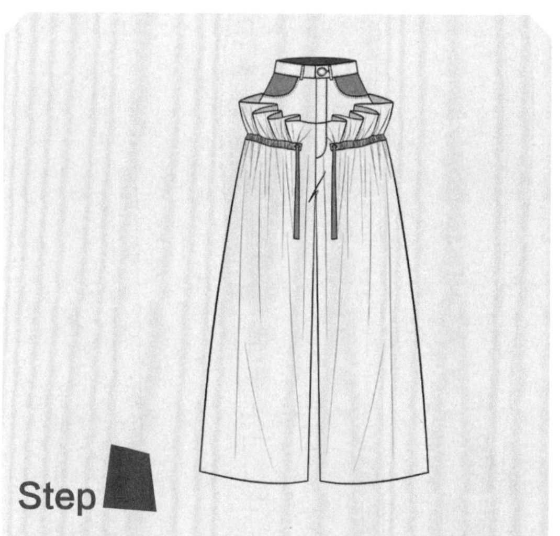

Step

新建图层，用拖曳着色或参考功能着色的方法，画出七分裤的暗部即可完成款式绘制。

◎七分裤的款式范例

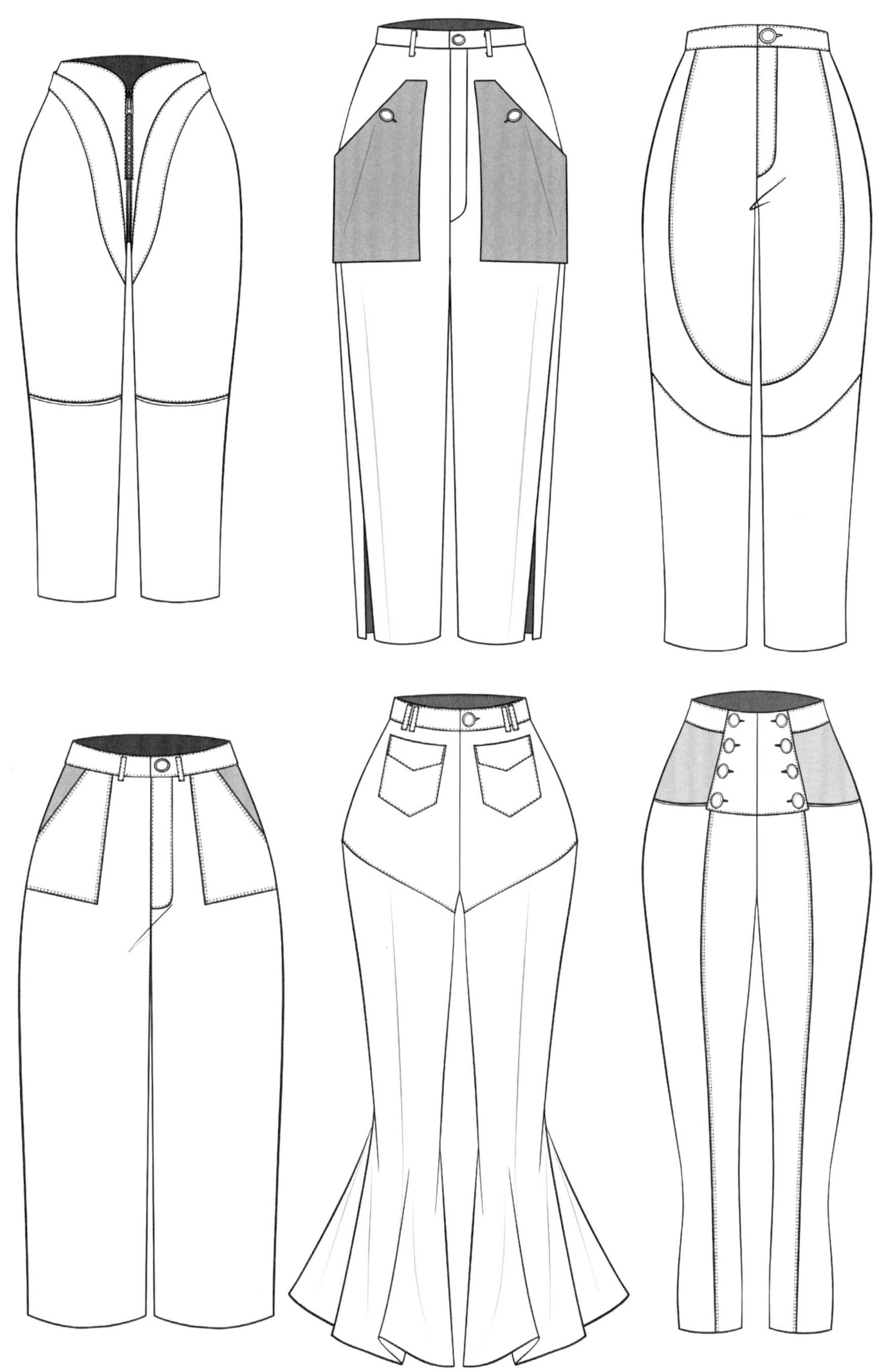

4.4 长裤

长裤是指从人体的腰部到踝部的裤子。在款式设计中，可以从长裤的腰头、版型、裤脚、包袋等加以设计。

这是一款以不对称腰头为主要元素的长裤设计，裤型流畅简约。在绘制过程中，要注意整体造型的把握及线条的洗练感。

◎设计步骤解析

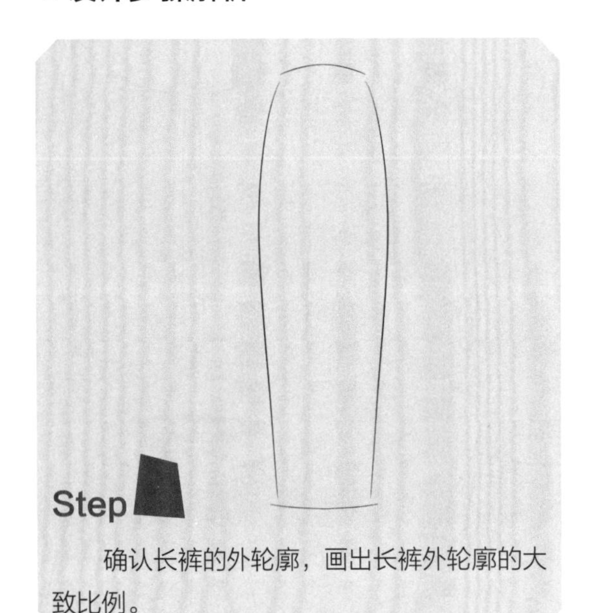

确认长裤的外轮廓，画出长裤外轮廓的大致比例。

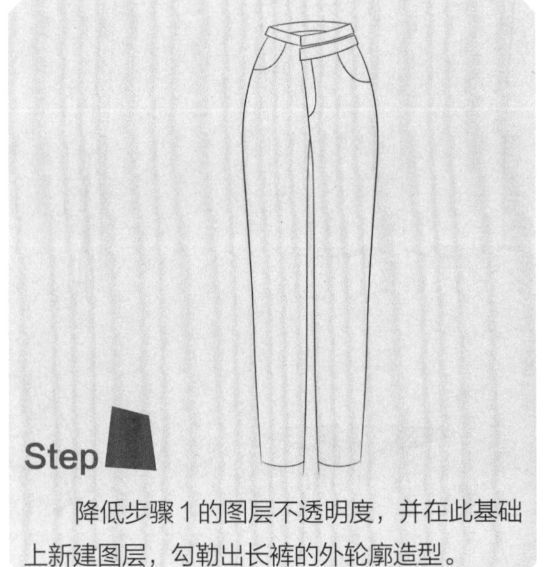

降低步骤1的图层不透明度，并在此基础上新建图层，勾勒出长裤的外轮廓造型。

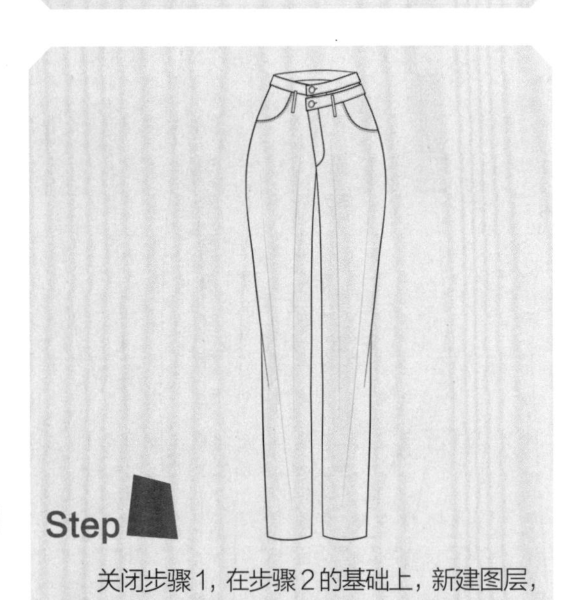

关闭步骤1，在步骤2的基础上，新建图层，以顺滑的线条画出长裤的外轮廓和内结构。

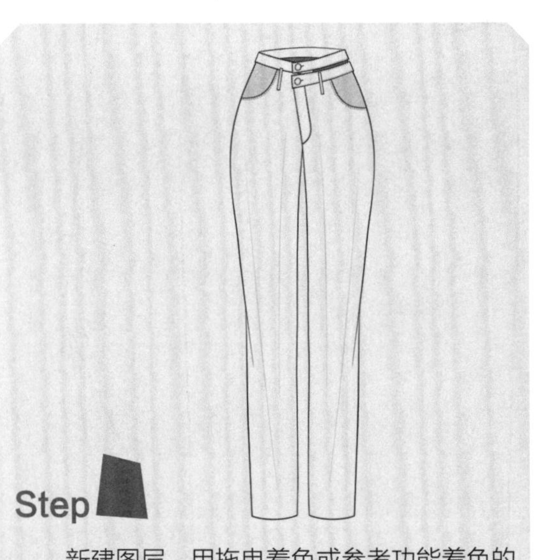

新建图层，用拖曳着色或参考功能着色的方法，画出长裤的暗部即可完成款式绘制。

◎长裤的款式范例

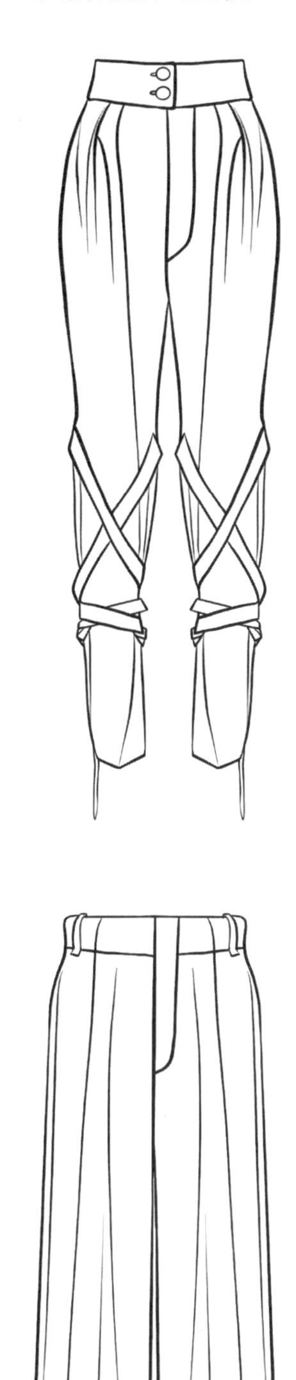

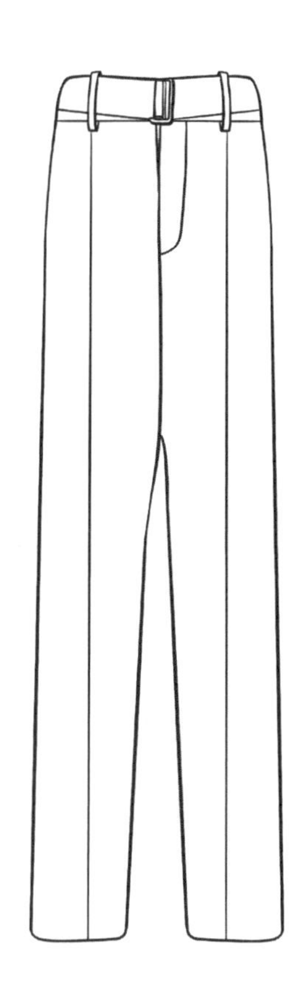

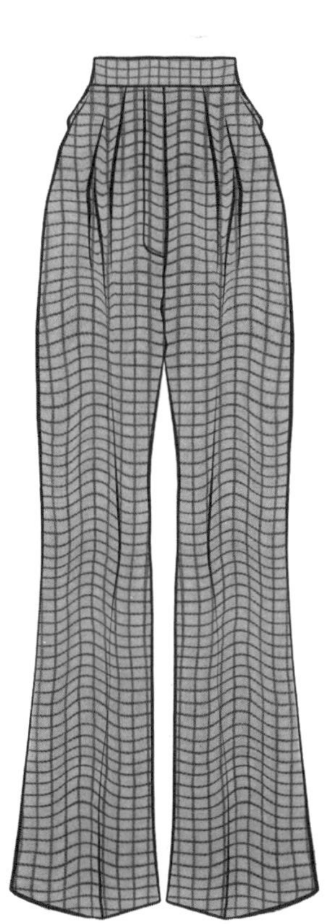

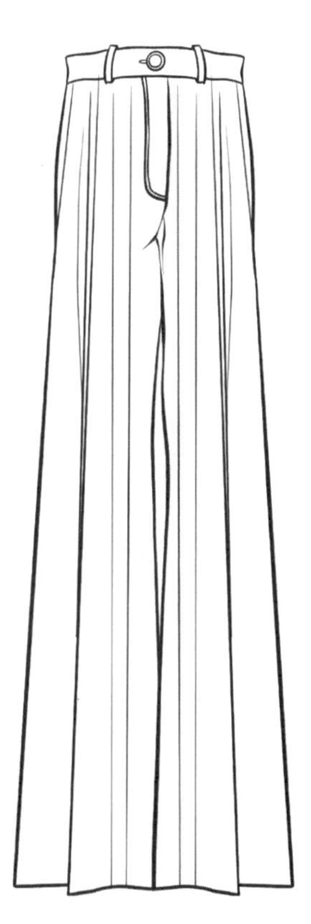

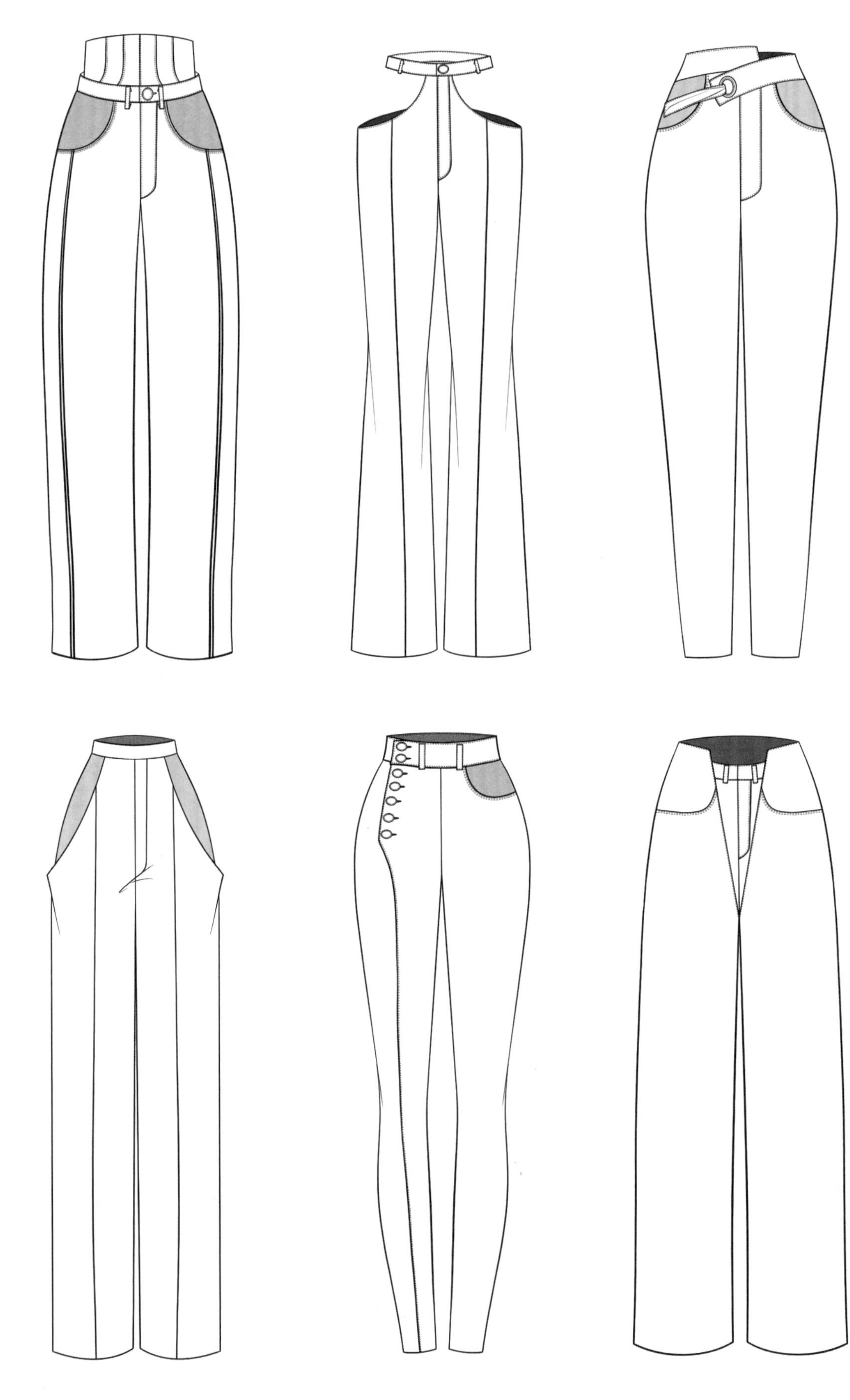

4.5 背带裤

背带裤是指在腰头上方附有跨间背带的裤子。在背带裤的款式设计中，可以结合当下流行趋势再加以设计。

这是一款以延长背带为主要元素的长裤设计，在绘制过程中，要注意整体造型的体积感塑造和结构关系。

◎设计步骤解析

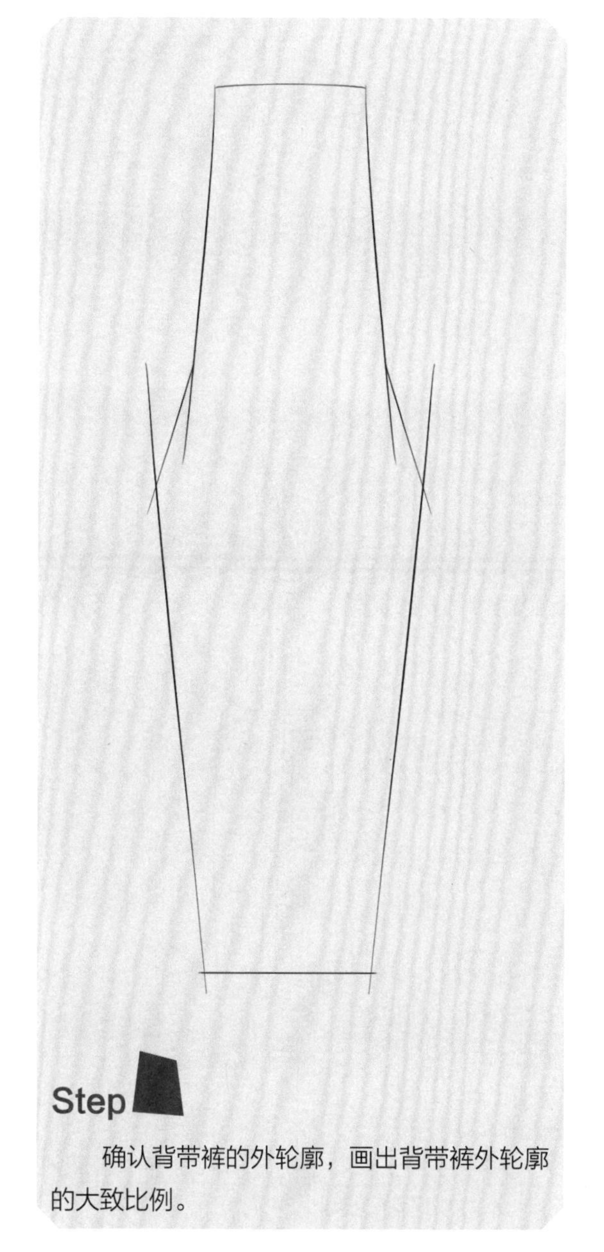

Step

确认背带裤的外轮廓，画出背带裤外轮廓的大致比例。

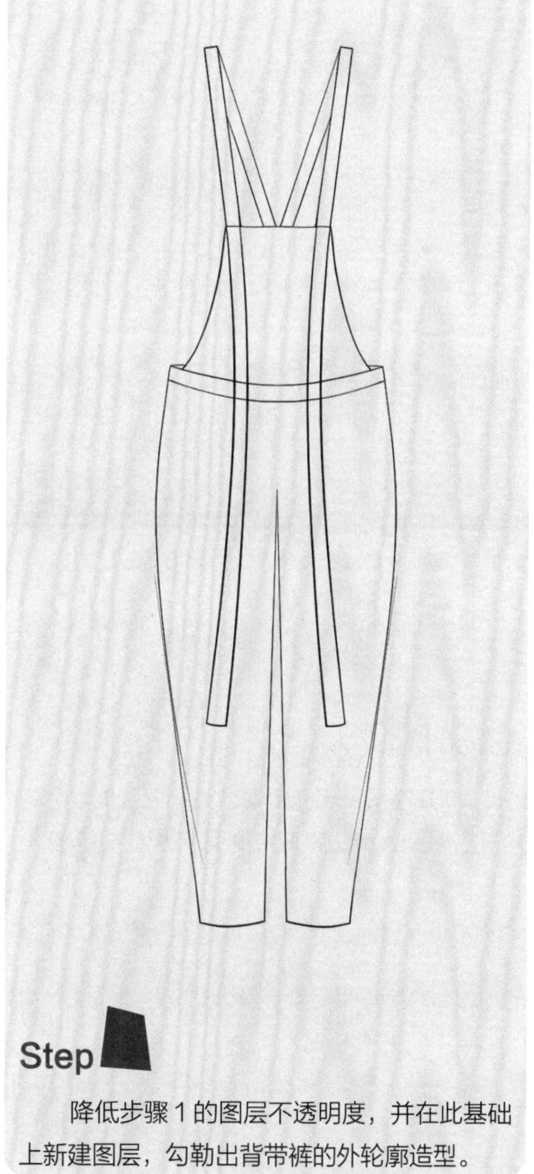

Step

降低步骤 1 的图层不透明度，并在此基础上新建图层，勾勒出背带裤的外轮廓造型。

Step

关闭步骤 1，在步骤 2 的基础上，新建图层，以顺滑的线条画出背带裤的外轮廓和内结构。

Step

新建图层，用拖曳着色或参考功能着色的方法，画出背带裤的暗部即可完成款式绘制。

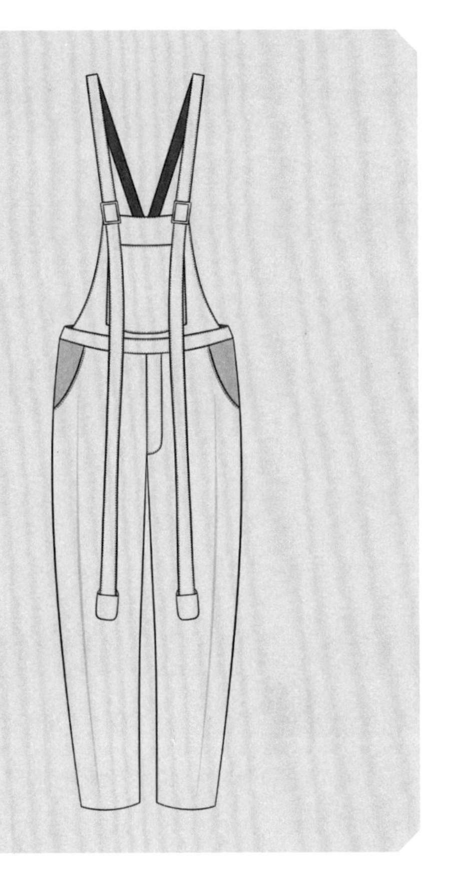

◎背带裤的款式范例

4.6 半裙

半裙指与上衣分开的裙子。在款式设计中，可以将多元化的设计元素加入其中，如甜美减龄的碎花元素、不规则的斜裁元素、结构的拼接元素、Q 版可爱的蝴蝶结元素、复古摩登的格子、条纹、波点元素等。在设计手法上，可以将系带、扣眼、抽褶等手法融入并加以创意设计。

这是一款以扣眼和系带为主要元素的半裙设计，在绘制过程中，要注意系带与扣眼的穿插结构关系。

◎设计步骤解析

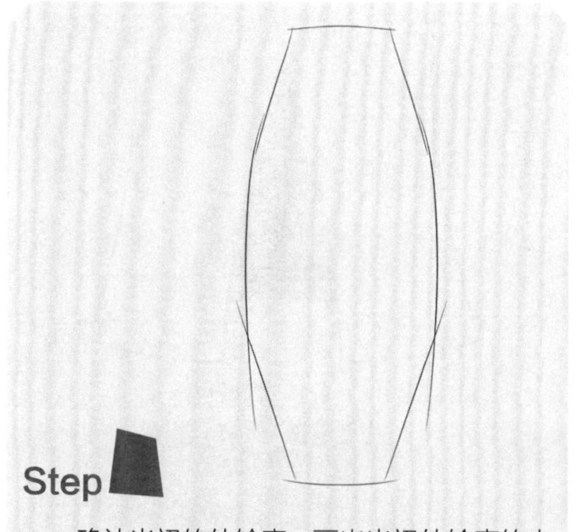

确认半裙的外轮廓，画出半裙外轮廓的大致比例。

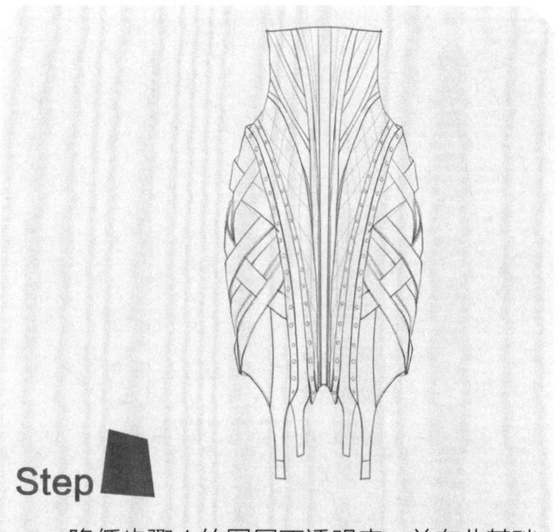

降低步骤 1 的图层不透明度，并在此基础上新建图层，勾勒出半裙的外轮廓造型。

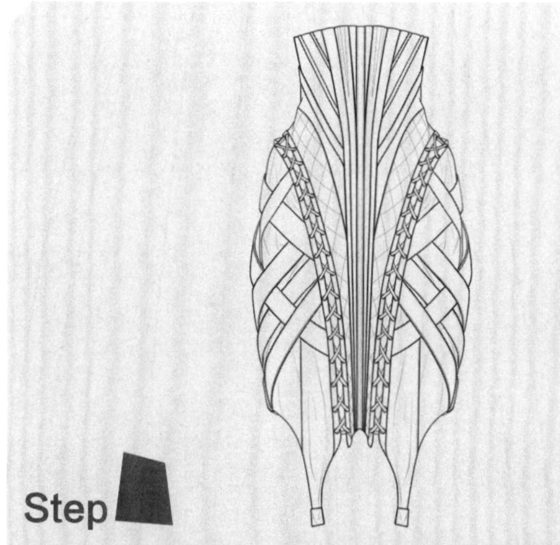

关闭步骤 1，在步骤 2 的基础上，新建图层，以顺滑的线条画出半裙的外轮廓和内结构，注意扣眼和系带的穿插关系。

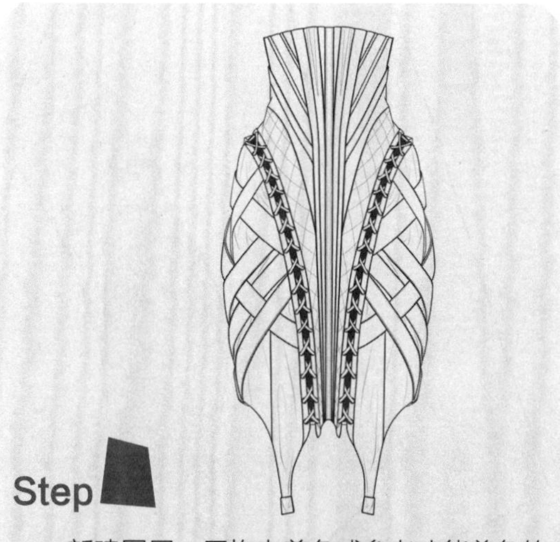

新建图层，用拖曳着色或参考功能着色的方法，画出半裙的暗部即可完成款式绘制。

◎半裙的款式范例

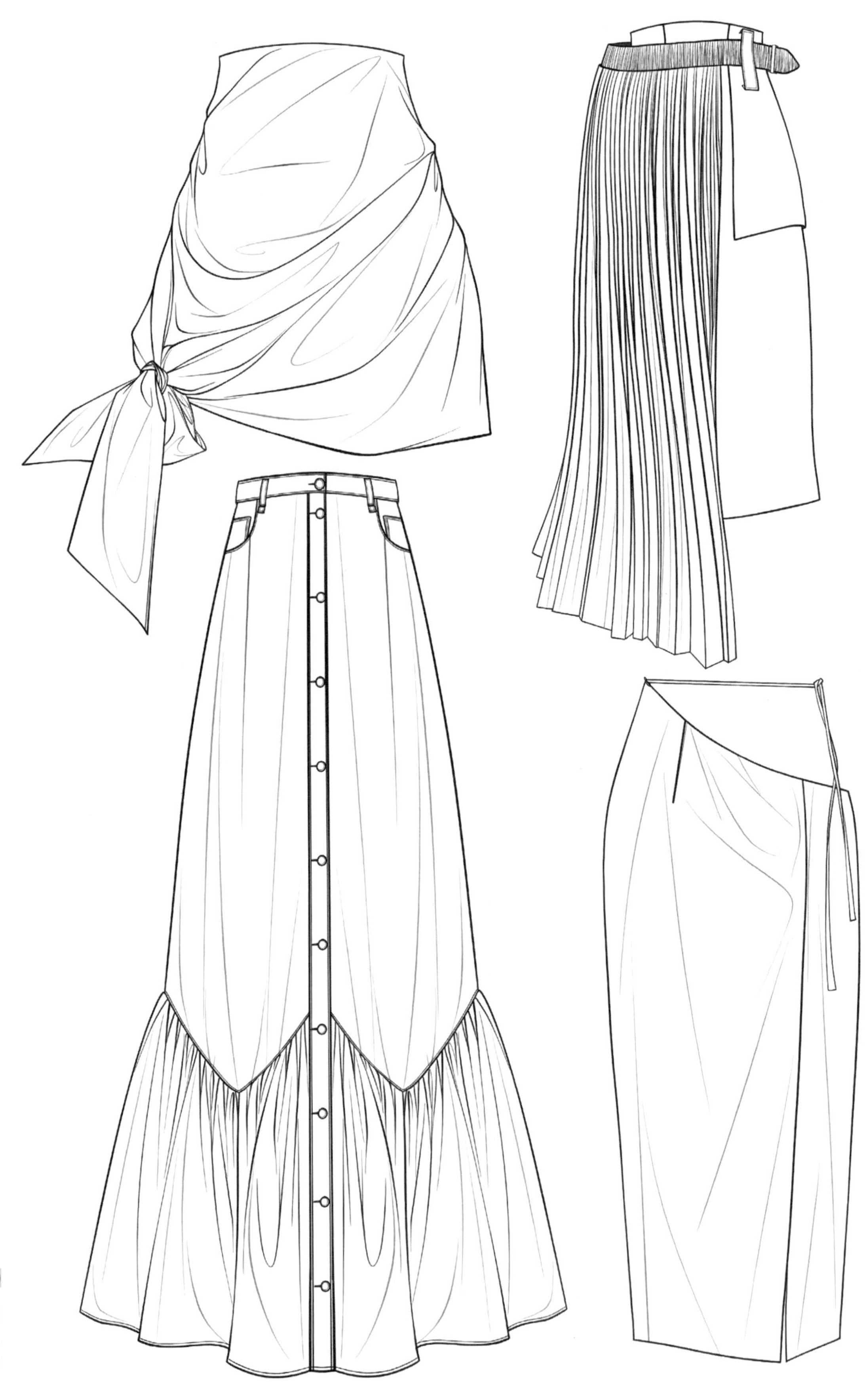

第5章

配饰设计款式图绘制表现

在服装设计中，配饰通常是指辅助服装搭配的饰品。顾名思义，配饰具有从属性、社会性、审美性和艺术性等。按照装饰部位可以分为发饰、耳饰、颈饰、腰饰、腿饰和足饰等；按照材料材质可以分为天然原石类、金属材质类、纺织类、毛皮类、自然花卉类和树脂类等；按照功能性可以分为鞋帽、胸针、耳环、项链、戒指、包袋、腰带等。在本章中，将按照帽子、包袋、耳饰、项链、手饰、鞋子的顺序分别按步骤讲解刻画，并辅以款式范例，以便参考绘制。

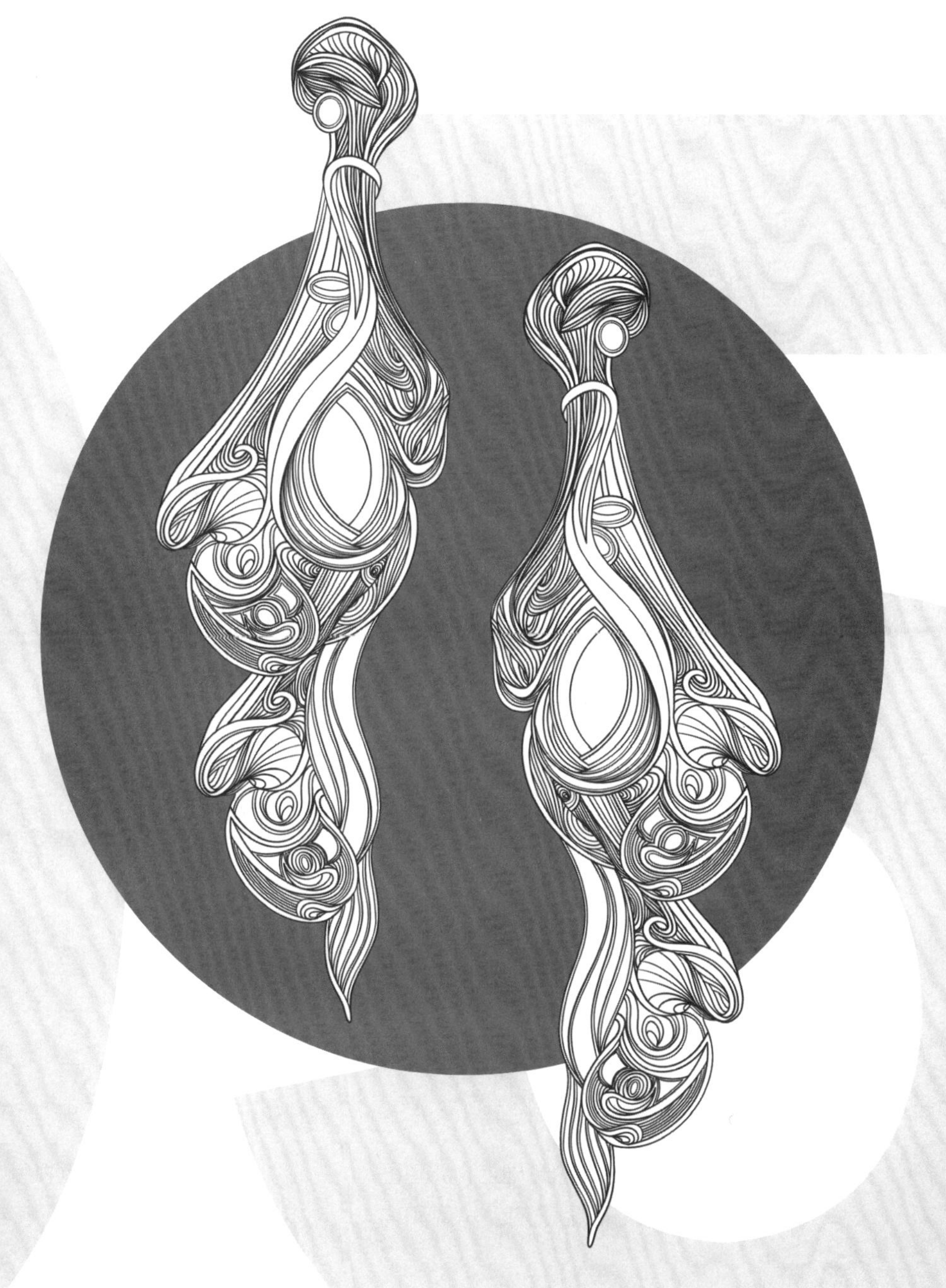

5.1 帽子

帽子，主要是指用于遮阳、避雨或装饰作用而戴于头上的物品。按照帽子的功能性可以分为棒球帽、遮阳帽、风帽、游泳帽、安全帽等；按照帽子的造型可以分为宽檐帽、鸭舌帽、钟形帽、堆堆帽、虎头帽、礼帽、头巾帽等；按照帽子的使用对象可以分为男帽、女帽、童帽、老年帽、月子帽等；按照帽子的材质可以分为针织帽、毛线帽、皮帽、牛仔帽、草编帽等。在帽子的款式设计中，可以从帽子的造型结构、面料材质和色彩搭配等方面着手，并结合人体工程学和当下流行趋势等因素按需求设计。

这是一款以遮阳功能为主要目的的帽子设计，在绘制过程中要注意帽檐和遮面的结构穿插关系。

◎设计步骤解析

确认帽子的外轮廓，画出帽子外轮廓的大致比例。

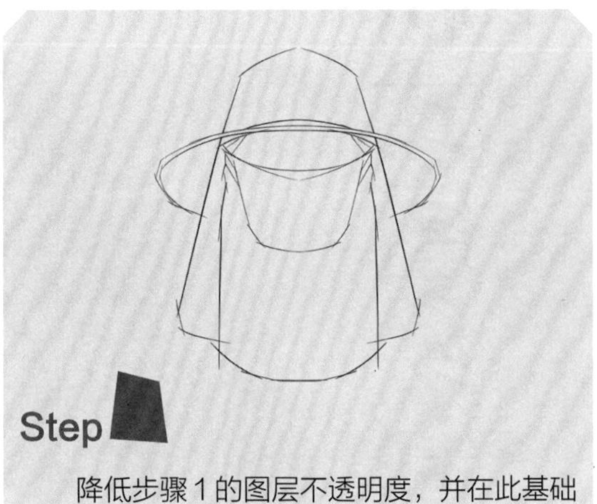

降低步骤 1 的图层不透明度，并在此基础上新建图层，勾勒出帽子的外轮廓造型。

关闭步骤 1，在步骤 2 的基础上，新建图层，使用顺滑的线条勾出帽子的外轮廓和内结构。

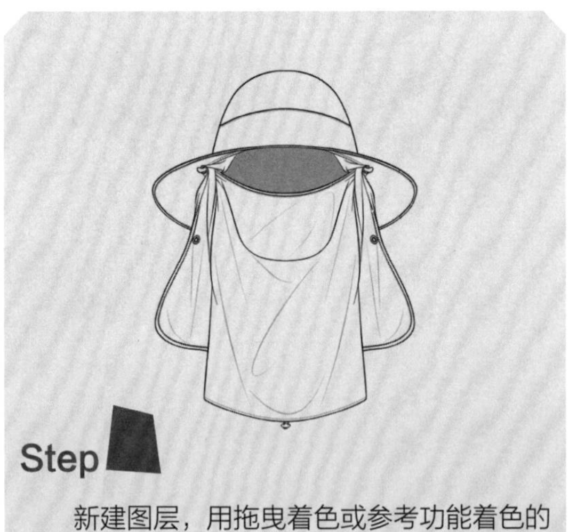

新建图层，用拖曳着色或参考功能着色的方法，画出帽檐和遮面的布纹线的暗部，完成帽子款式绘制。

◎帽子的款式范例

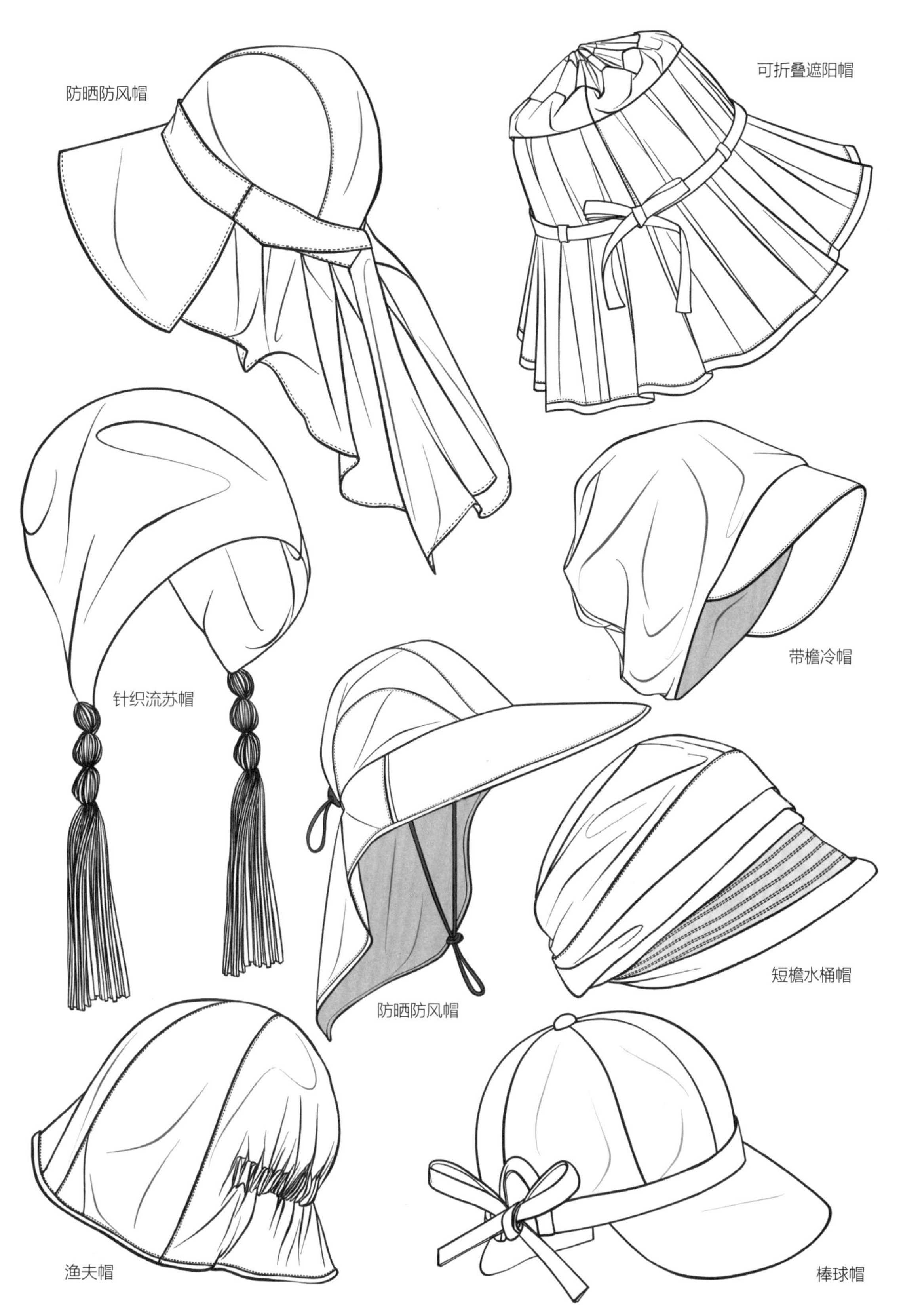

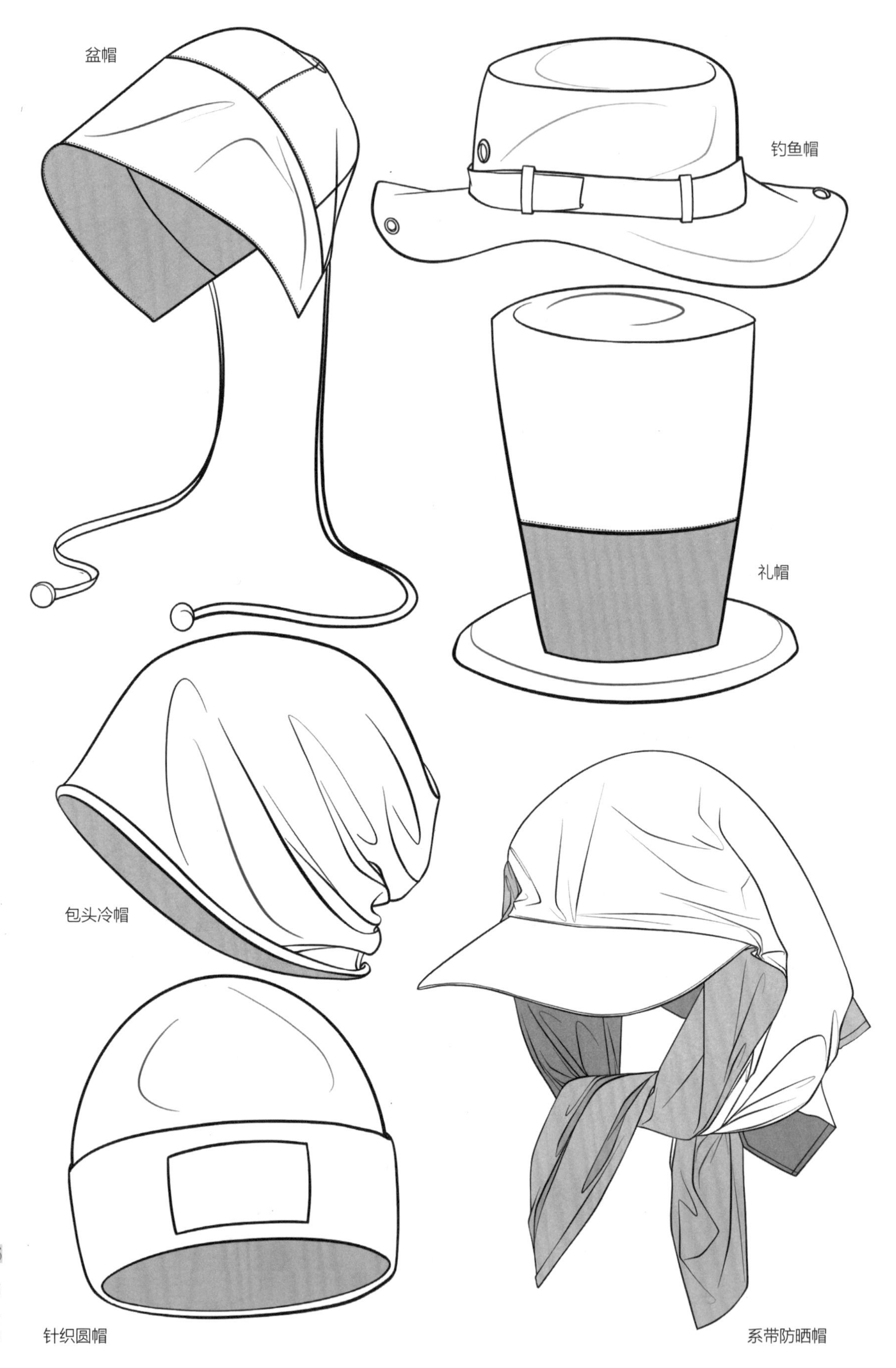
盆帽
钓鱼帽
礼帽
包头冷帽
针织圆帽
系带防晒帽

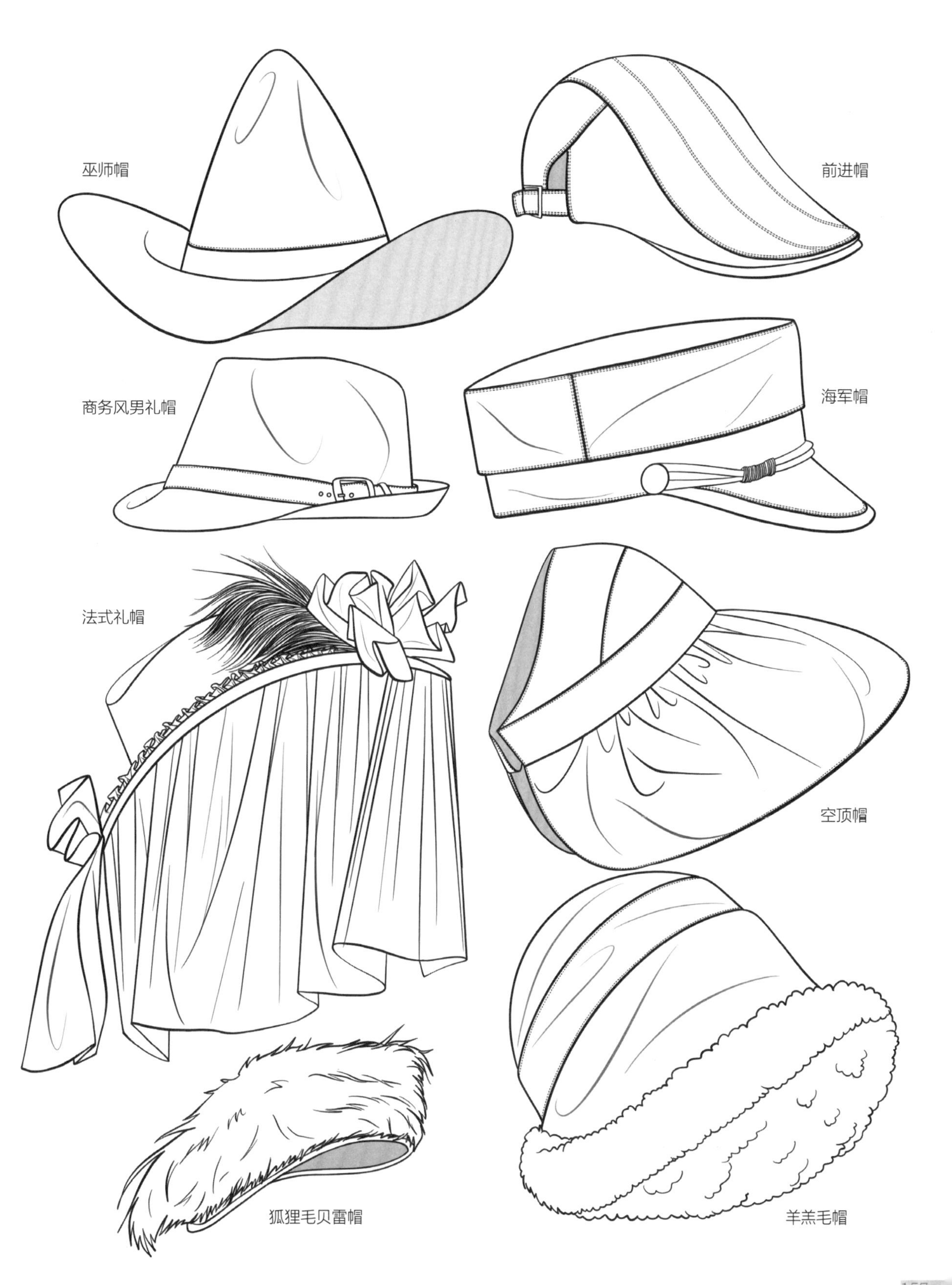
巫师帽
前进帽
商务风男礼帽
海军帽
法式礼帽
空顶帽
狐狸毛贝雷帽
羊羔毛帽

5.2 包袋

包袋，主要是指人们用于携带各种物品的道具总称。按照包袋的材质类型可以分为皮包、塑料包、帆布包、草编帽、尼龙包等；按照包袋的款式可以分为手提包、单肩包、斜挎包、双肩包、手腕包、胸包等；按照包袋的功能类型可以分为时尚休闲包、度假旅行包、商务包、宴会包、钱包、钥匙包、妈咪包、化妆包、公文包等。在包袋的款式设计中，可以从包袋的款式造型、使用场合、主题风格需求等方面，并结合与之相搭配的服装配套构思，使得包袋与服装搭配的整体效果统一。

这是一款可单肩、可斜挎的千禧风多功能包袋设计，在绘制过程中，要注意包袋局部与整体的大小比例，以及肩带与扣环的穿插关系。

◎设计步骤解析

确认包袋的外轮廓，画出包袋外轮廓的大致比例。

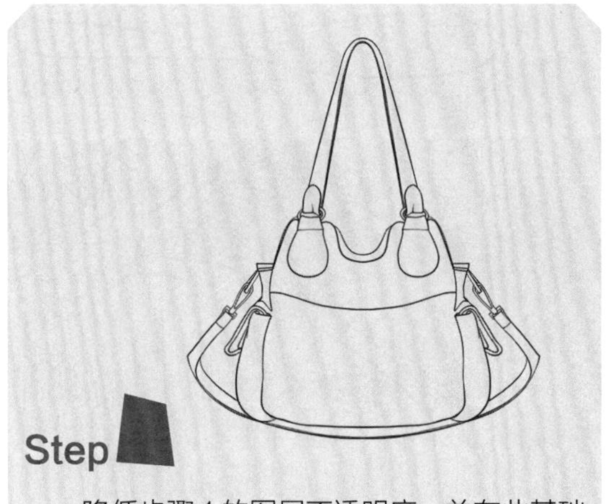

降低步骤 1 的图层不透明度，并在此基础上新建图层，勾勒出包袋的外轮廓造型。

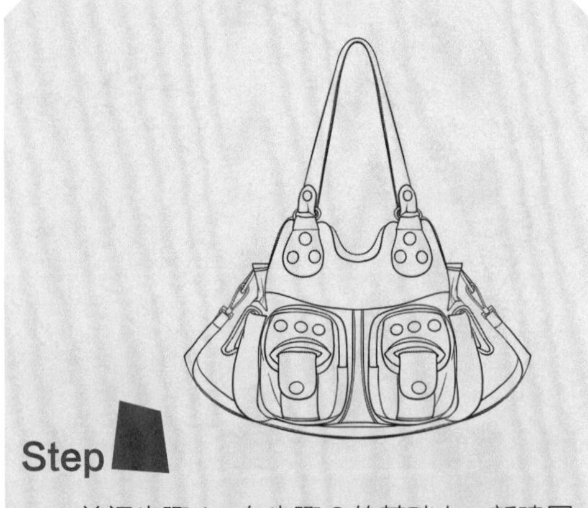

关闭步骤 1，在步骤 2 的基础上，新建图层，以顺滑的线条勾出包袋的外轮廓和内结构。

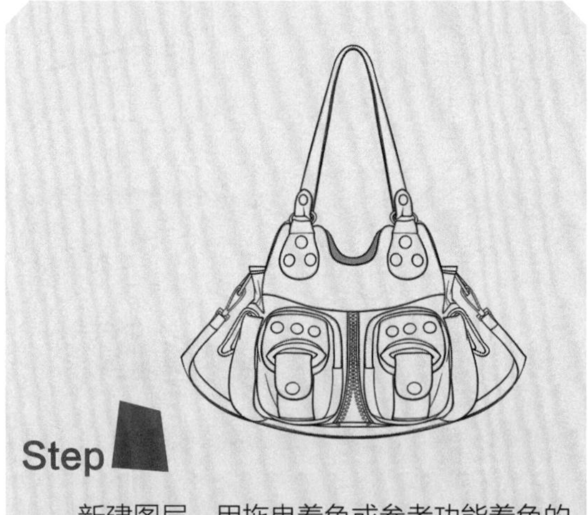

新建图层，用拖曳着色或参考功能着色的方法，画出包袋的暗部，完成款式绘制。

◎包袋的款式范例

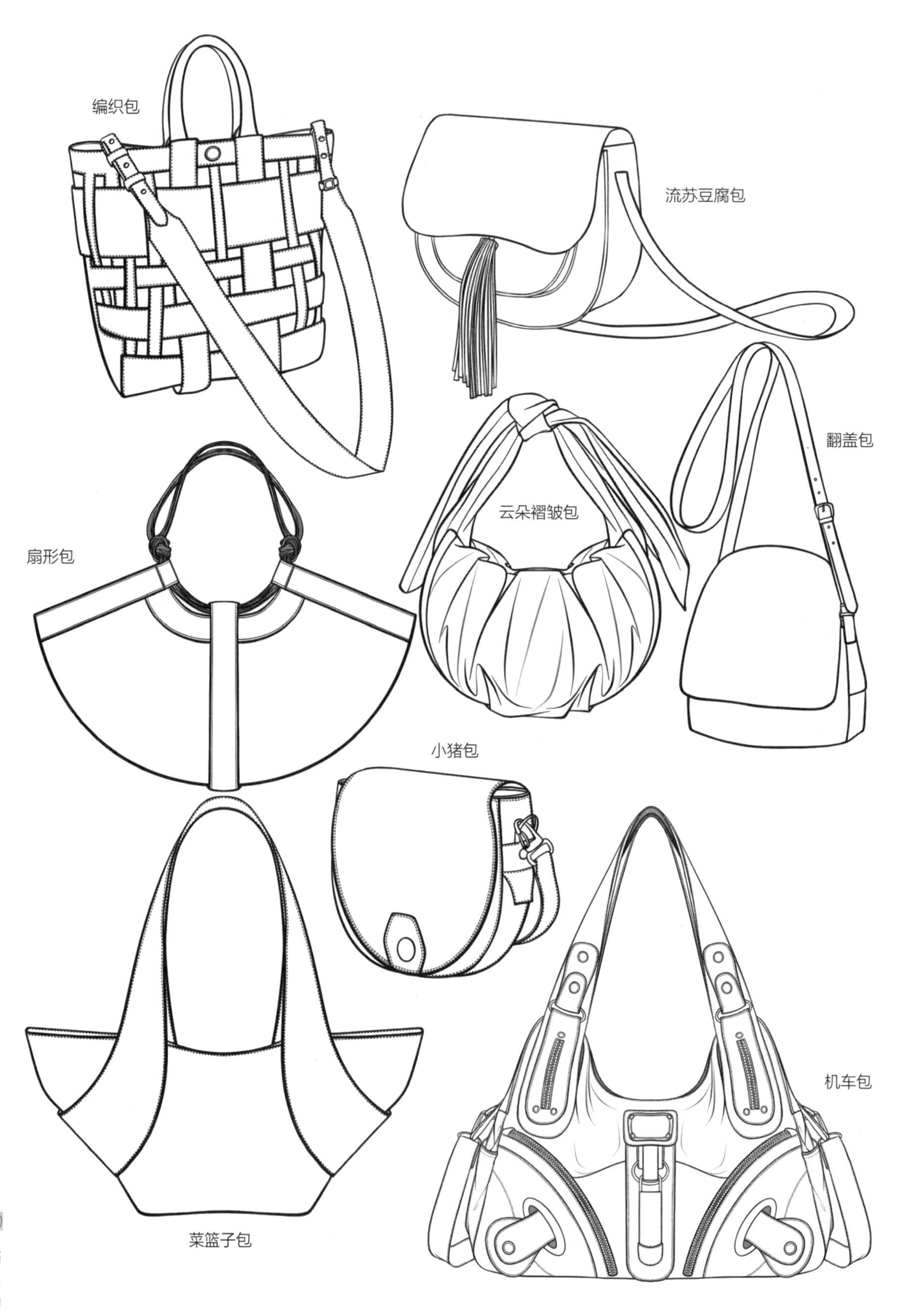
编织包
流苏豆腐包
翻盖包
云朵褶皱包
扇形包
小猪包
机车包
菜篮子包

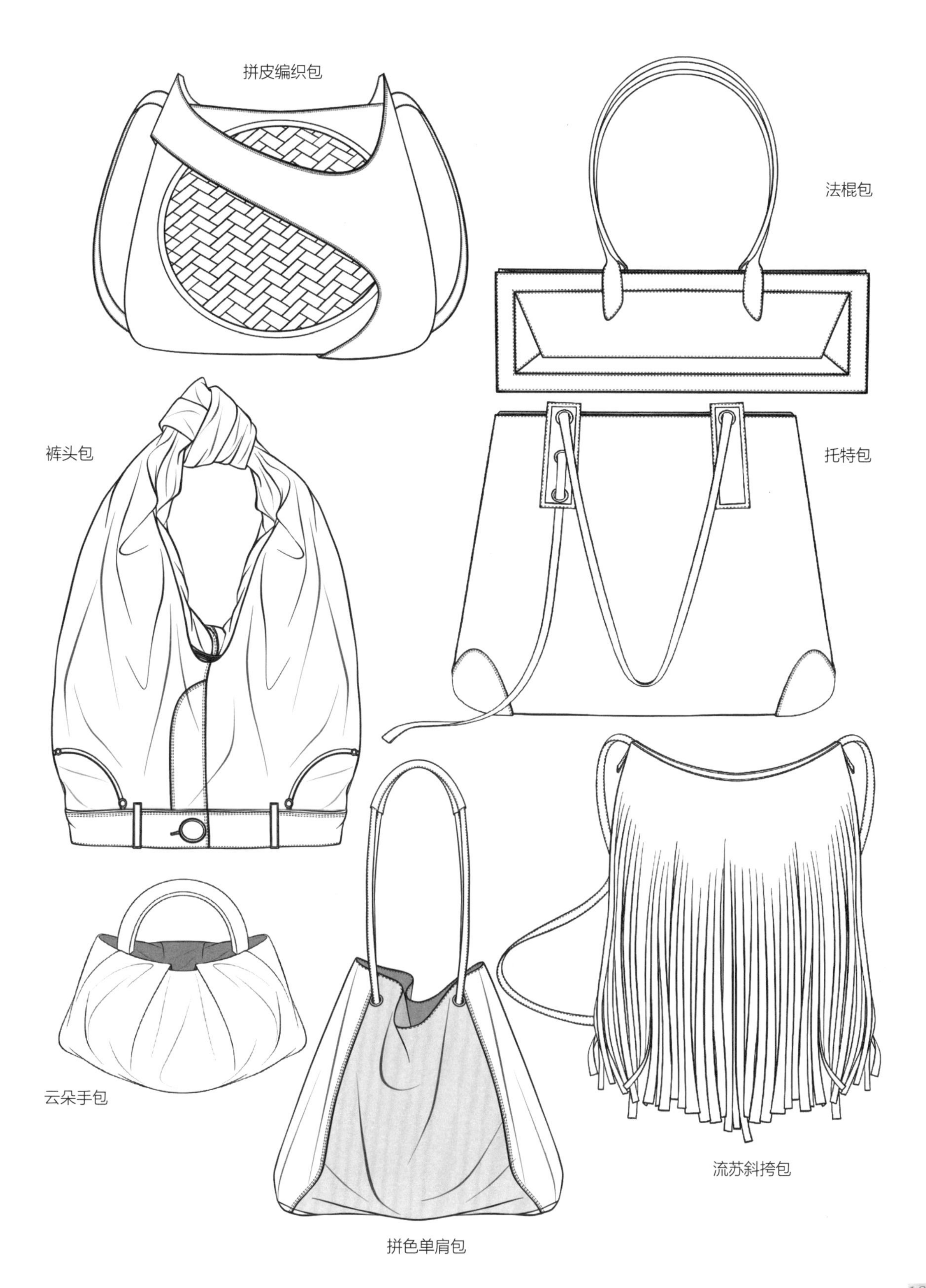
拼皮编织包
法棍包
裤头包
托特包
云朵手包
流苏斜挎包
拼色单肩包

5.3 耳饰

耳饰，主要指人们佩戴于耳朵的饰品。按照种类划分可以分为耳钉、耳环、耳坠；按照材质划分可以分为纺织布艺类、金属类、珍珠类、天然矿石类和原木类等；按照风格划分可以分为国风耳饰、民族风耳饰、朋克风耳饰、优雅风耳饰等。耳饰的佩戴位置独特且醒目，能够在全脸起到修饰脸型和锦上添花的效果。在耳饰的款式设计中，可以从耳饰的材质、款式造型、使用场合、主题风格需求等方面着手设计，使之达到设计需求。

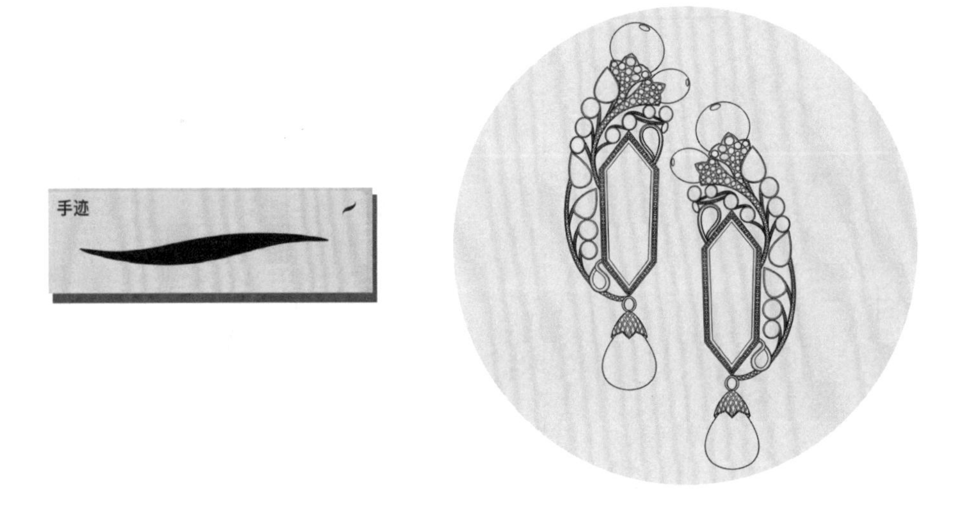

这是一款以花卉元素为设计切入点的耳饰设计，在绘制过程中，要注意耳饰局部碎钻与整体的大小比例关系。

◎设计步骤解析

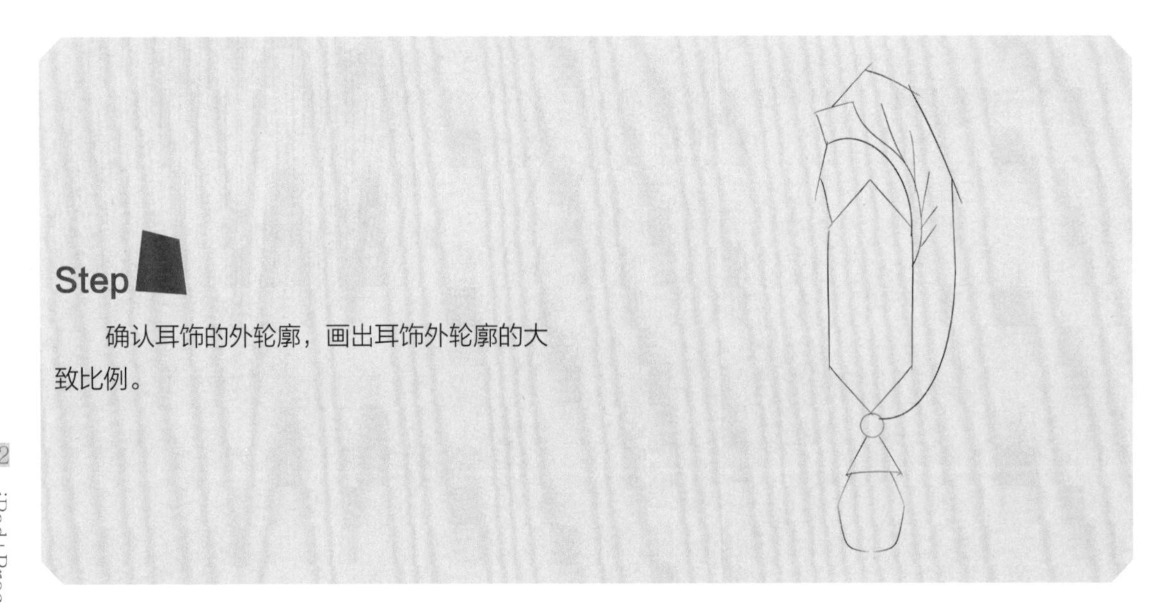

确认耳饰的外轮廓，画出耳饰外轮廓的大致比例。

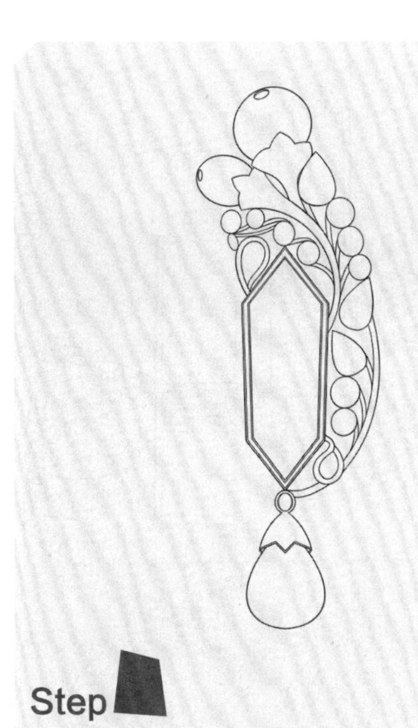

Step

降低步骤 1 的图层不透明度，并在此基础上新建图层，勾勒出耳饰的外轮廓造型。

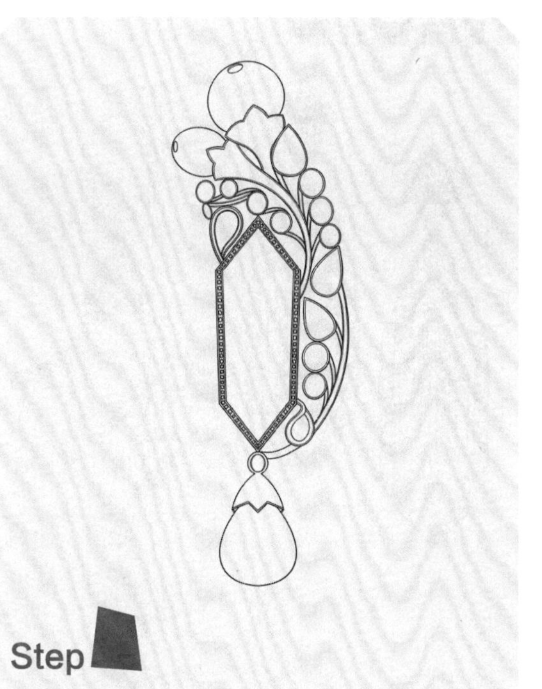

Step

关闭步骤 1，在步骤 2 的基础上，新建图层，以顺滑的线条勾出耳饰的外轮廓和内结构。

Step

关闭背景图层，复制完成的线稿，水平翻转，完成另外一只耳饰的款式绘制。

◎耳饰的款式范例

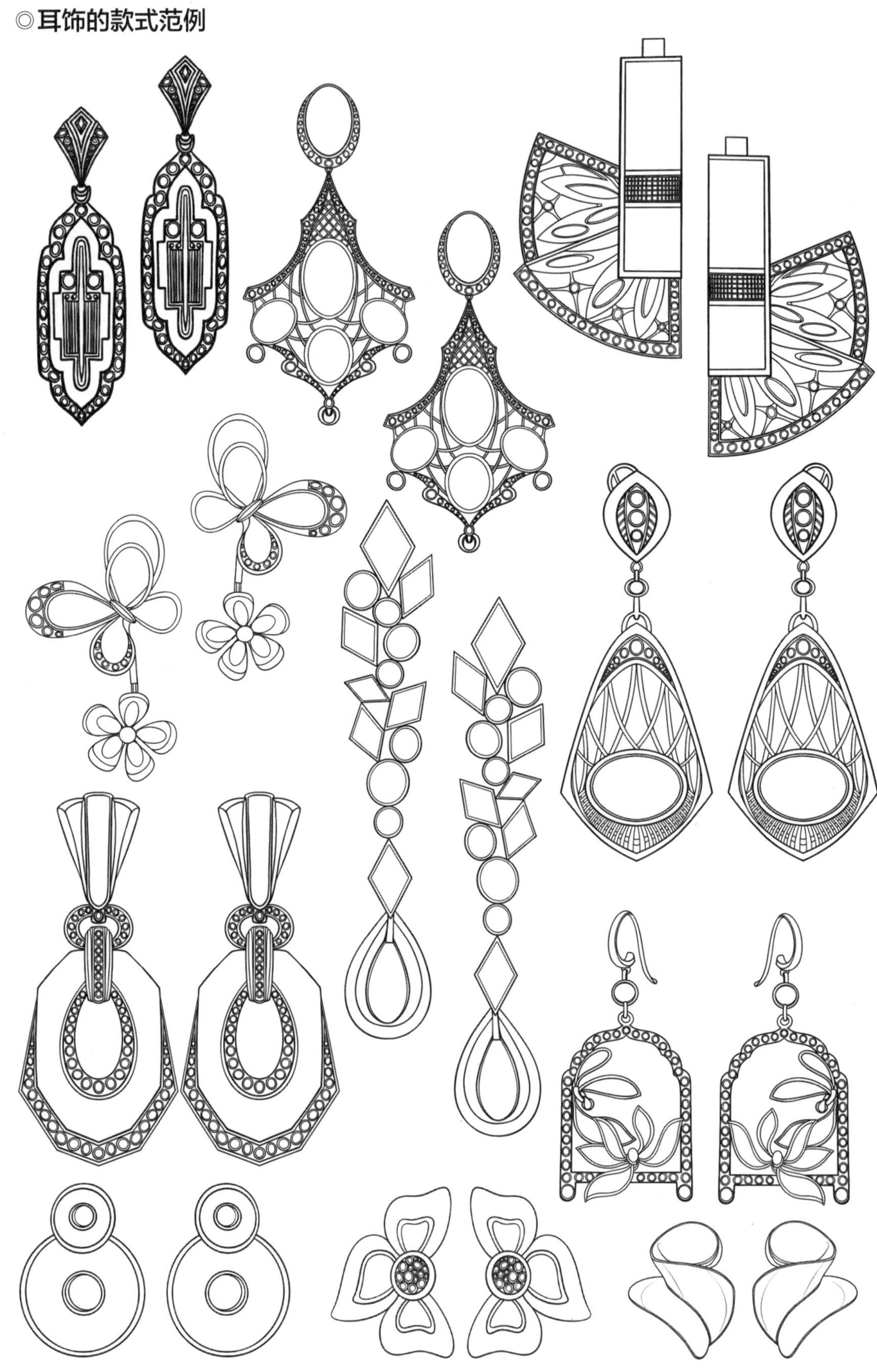

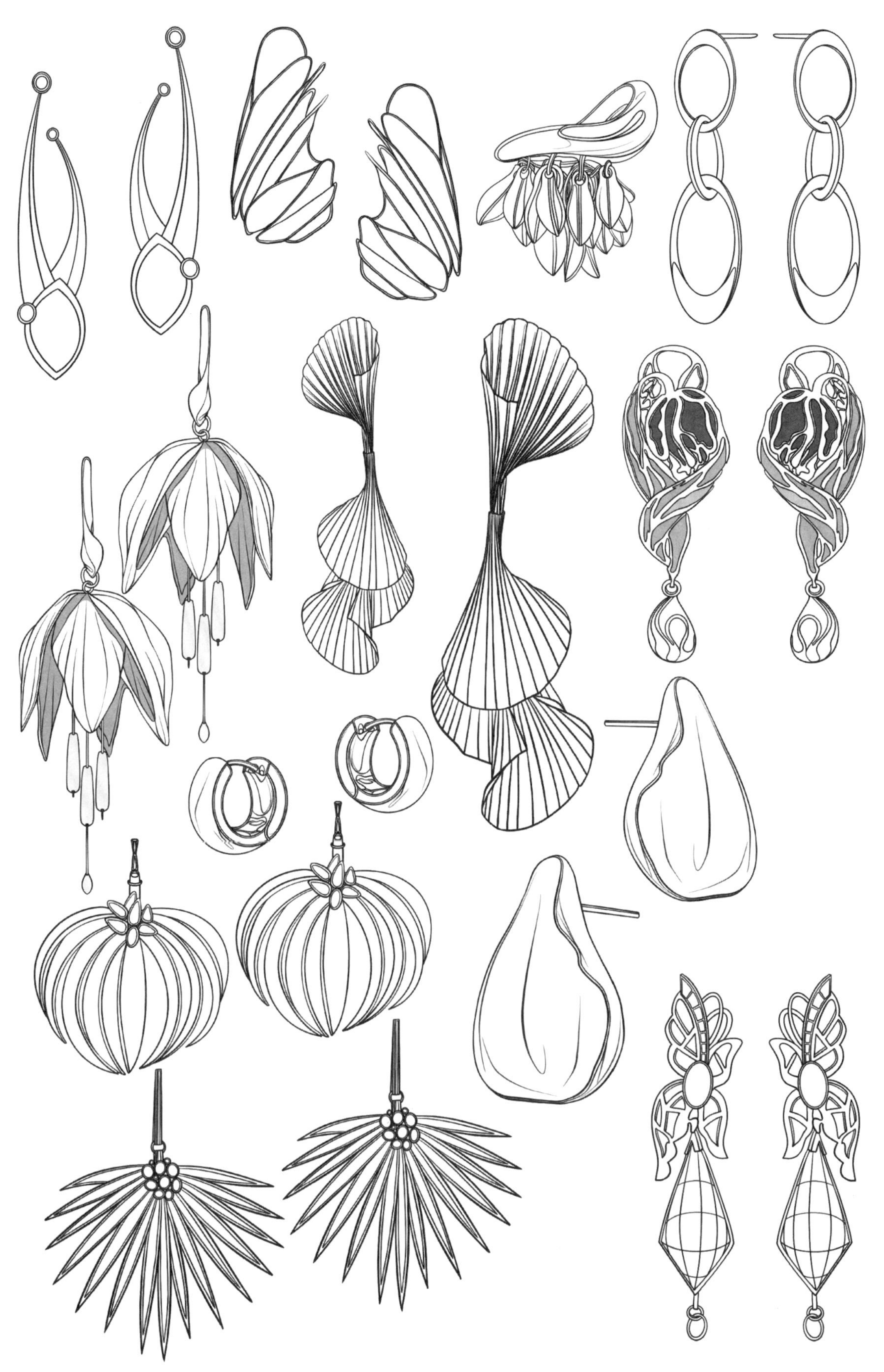

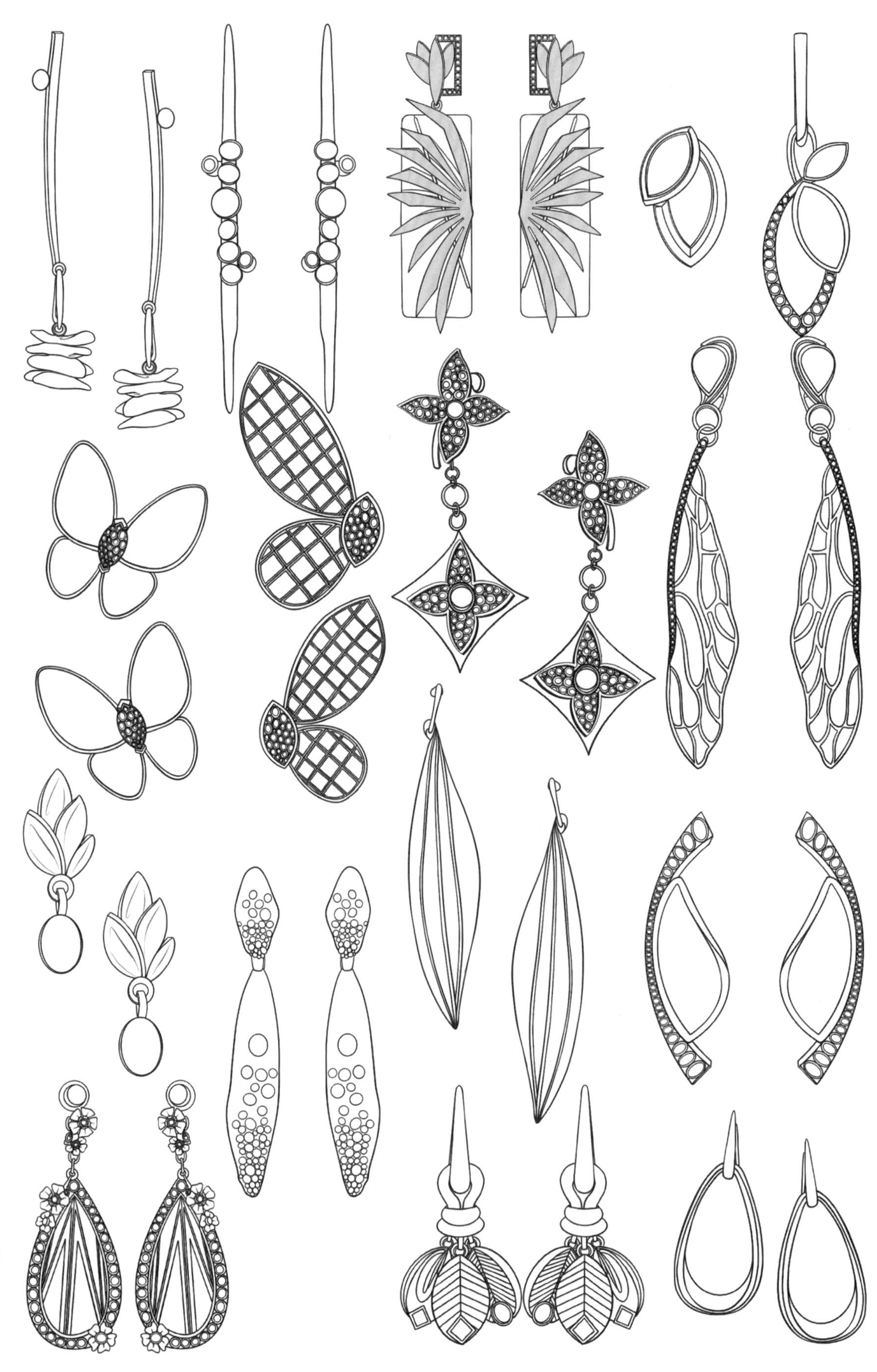

5.4 项链

项链，顾名思义，是指佩戴在人们颈部的饰品的总称。按照款式可以分为多串式项链、垂坠式项链、贴颈式项链等；按照风格可以分为维多利亚风格、复古风格、哥特式风格、简约风格、原木风格、民族风格等；按照使用场合可以分为礼服项链、生活项链等。在项链的款式设计中，可以从项链的款式造型、使用场合、主题风格需求等方面，并结合与之相搭配的妆容造型、服装配套构思，使得项链与整体风格统一。

这是一款维多利亚风格的项链设计，在绘制过程中，要注意项链局部与整体的结构穿插关系。

◎设计步骤解析

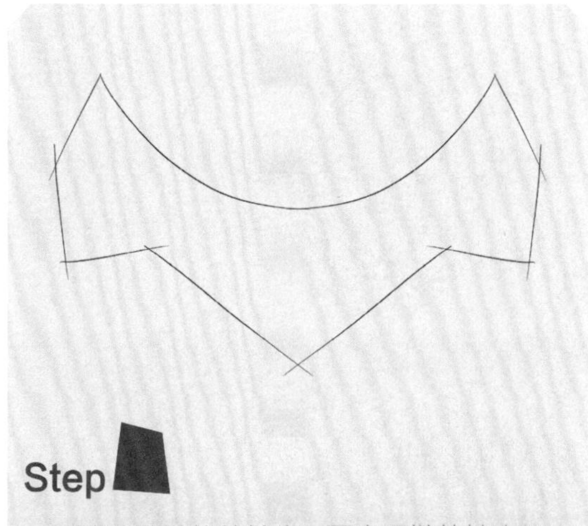

确认项链的外轮廓，画出项链外轮廓的大致比例。

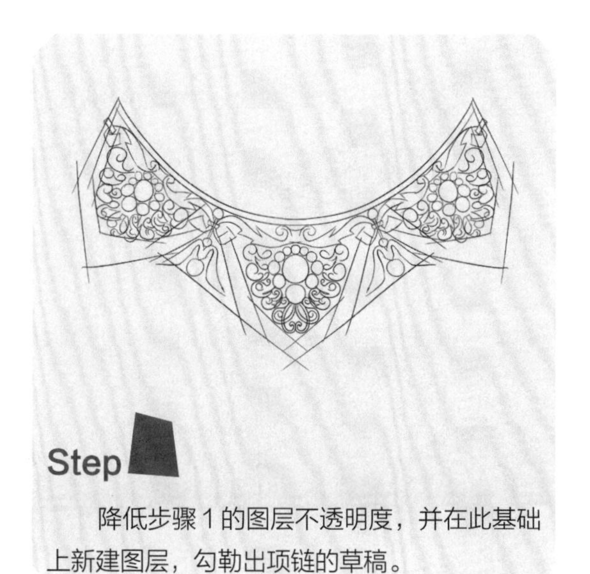

降低步骤 1 的图层不透明度，并在此基础上新建图层，勾勒出项链的草稿。

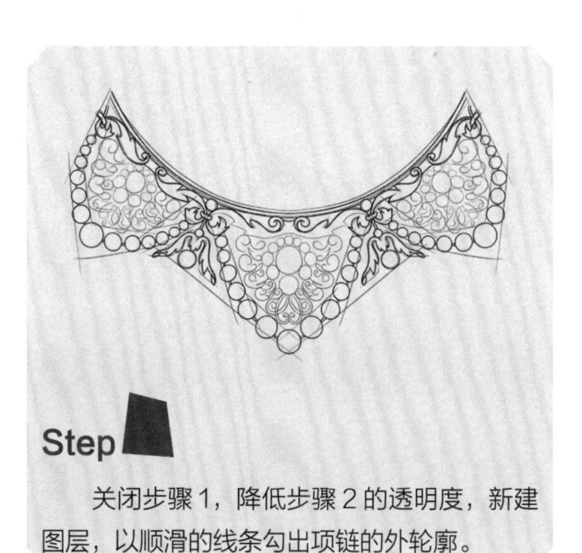

关闭步骤 1，降低步骤 2 的透明度，新建图层，以顺滑的线条勾出项链的外轮廓。

绘制好项链的内结构，完成款式绘制。

◎项链的款式范例

5.5 手饰

手饰，是指佩戴在人们手部的饰品的总称，主要包括手链、手镯、戒指等。在手饰的款式设计中，可以从手饰的款式造型、使用场合、主题风格需求等方面，并结合与之相搭配的妆容、手部造型、服装配套构思，使得手饰与整体效果统一。

这是一款以几何图形为主要表现形态的戒指设计，在绘制过程中，要注意戒指局部与整体的结构穿插关系。

◎设计步骤解析

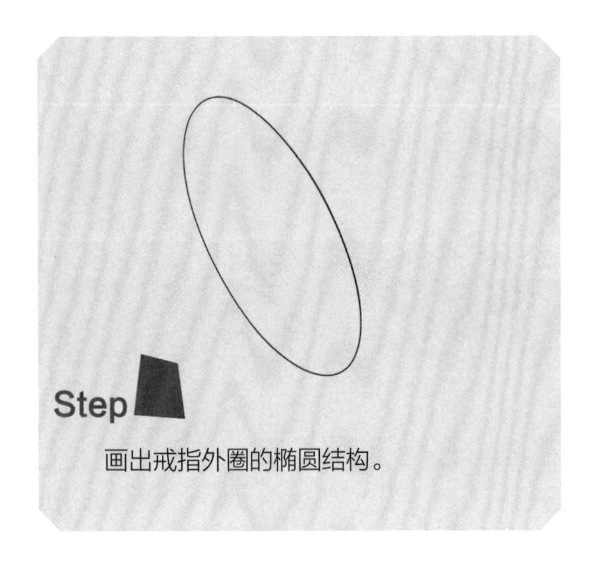

Step

画出戒指外圈的椭圆结构。

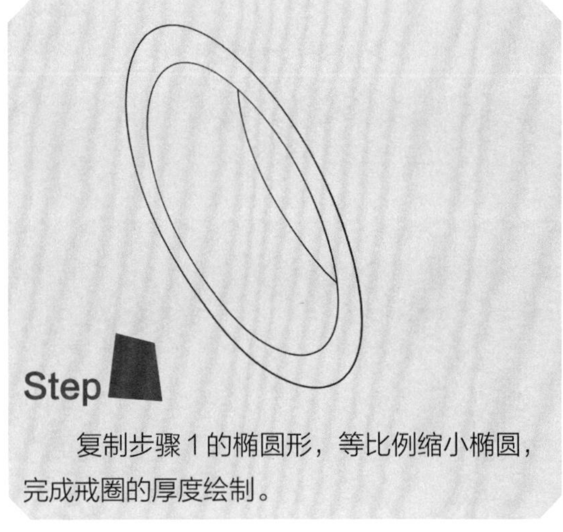

Step

复制步骤 1 的椭圆形，等比例缩小椭圆，完成戒圈的厚度绘制。

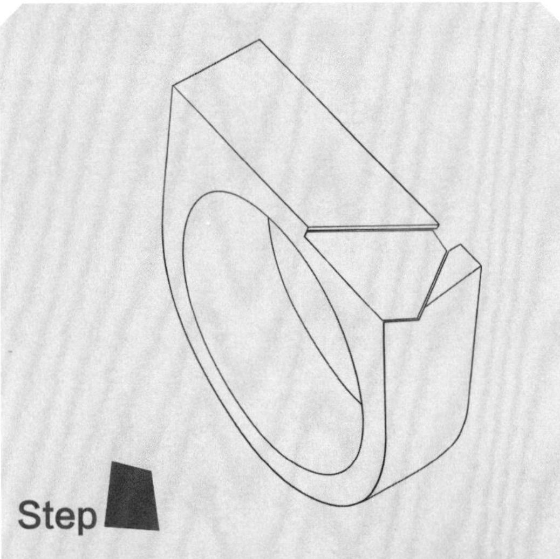

Step

在步骤 2 的基础上，画出戒指的立面结构和局部镶嵌设计，用橡皮擦掉戒指外圈多余的部分。

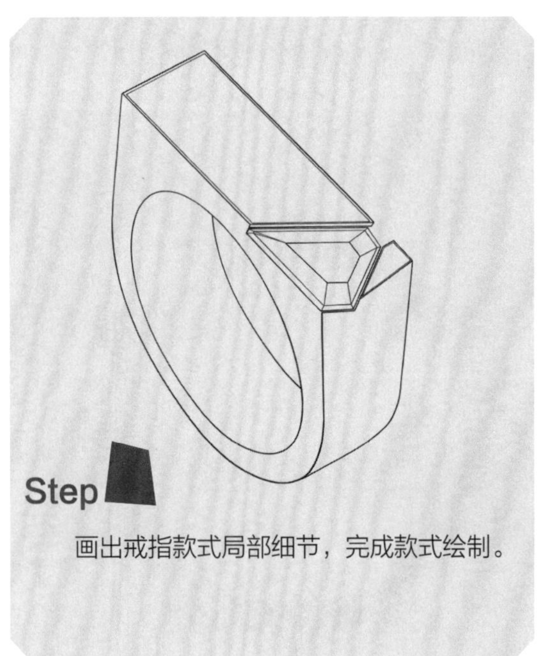

Step

画出戒指款式局部细节，完成款式绘制。

◎手饰的款式范例

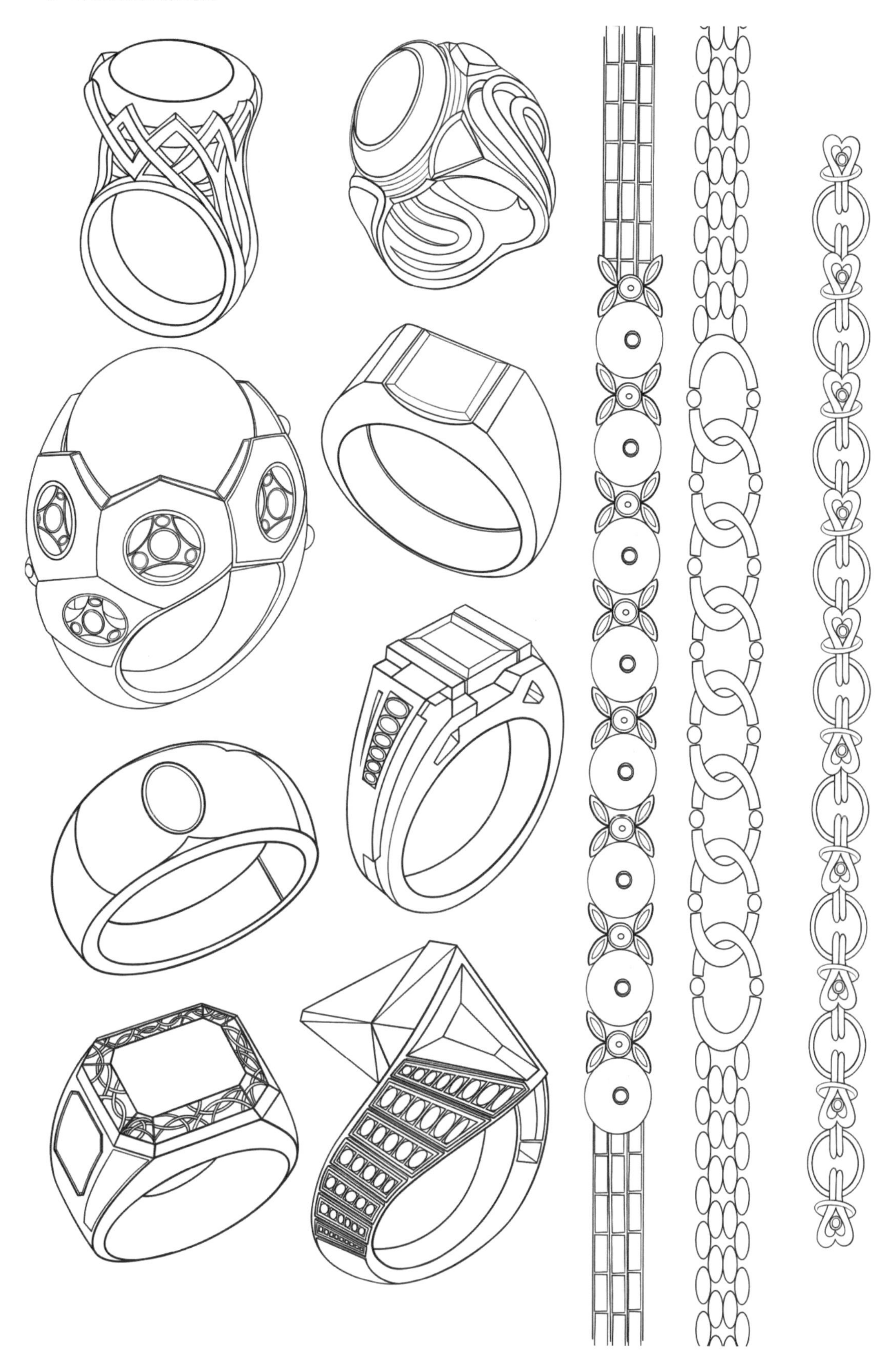

5.6 鞋子

鞋子，是指在人们足部的穿着物之总称。按照穿着对象可以分为男鞋、女鞋和童鞋等；按照季节划分可以分为单鞋、棉鞋、凉鞋等；按照款式划分可以分为尖头鞋、圆头鞋、拖鞋、半拖鞋等；按照跟型可以分为高跟鞋、中跟鞋、平跟鞋；按照用途划分可以分为休闲鞋、旅游鞋、劳保鞋、增高鞋、运动鞋等。在鞋子的款式设计中，可以从鞋子的款式造型、使用场合、色彩、材质搭配等方面，并结合当季流行趋势配套构思，使之与整体效果统一。

这是一款以针织和皮革材质相结合的高筒靴设计，在绘制过程中，要注意区别材质笔触的表现，并注意鞋子与足部的结构穿插关系。

◎设计步骤解析

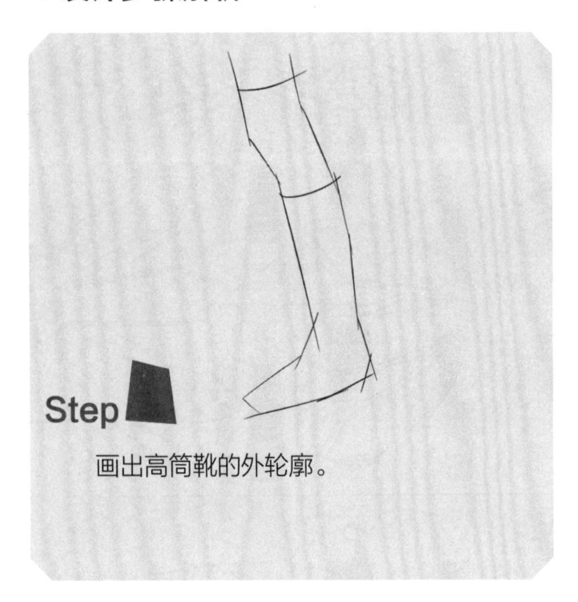

画出高筒靴的外轮廓。

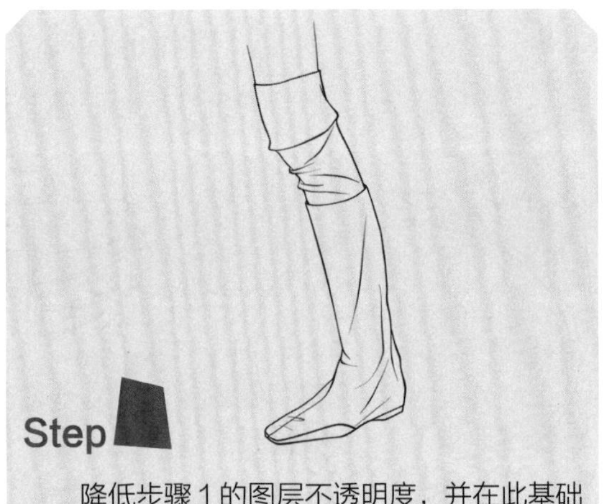

降低步骤 1 的图层不透明度，并在此基础上新建图层，勾勒出高筒靴的皮革部分和针织结构线。

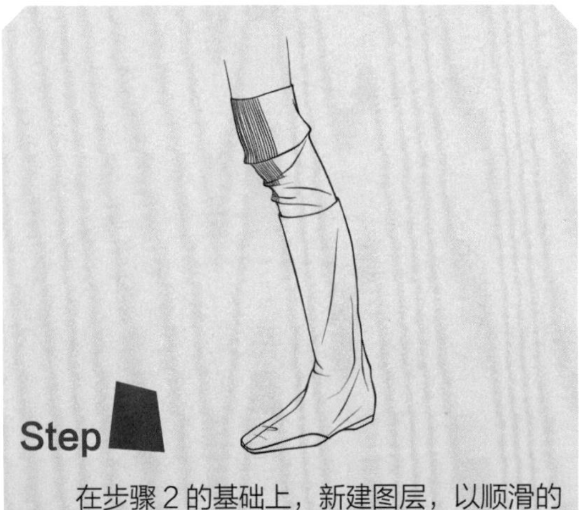

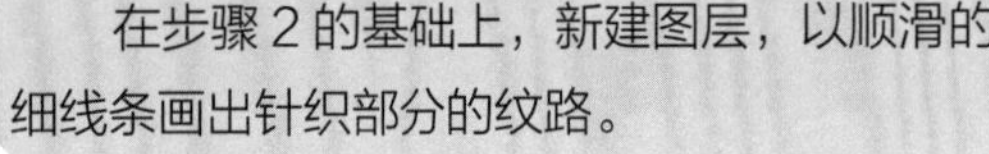

在步骤 2 的基础上，新建图层，以顺滑的细线条画出针织部分的纹路。

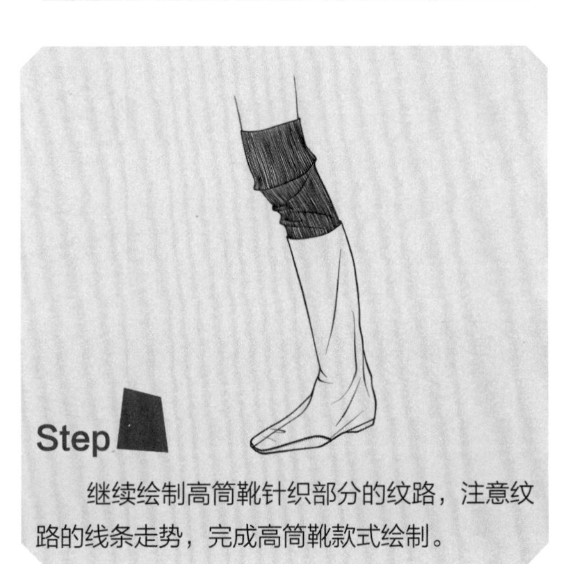

继续绘制高筒靴针织部分的纹路，注意纹路的线条走势，完成高筒靴款式绘制。

◎鞋子的款式范例

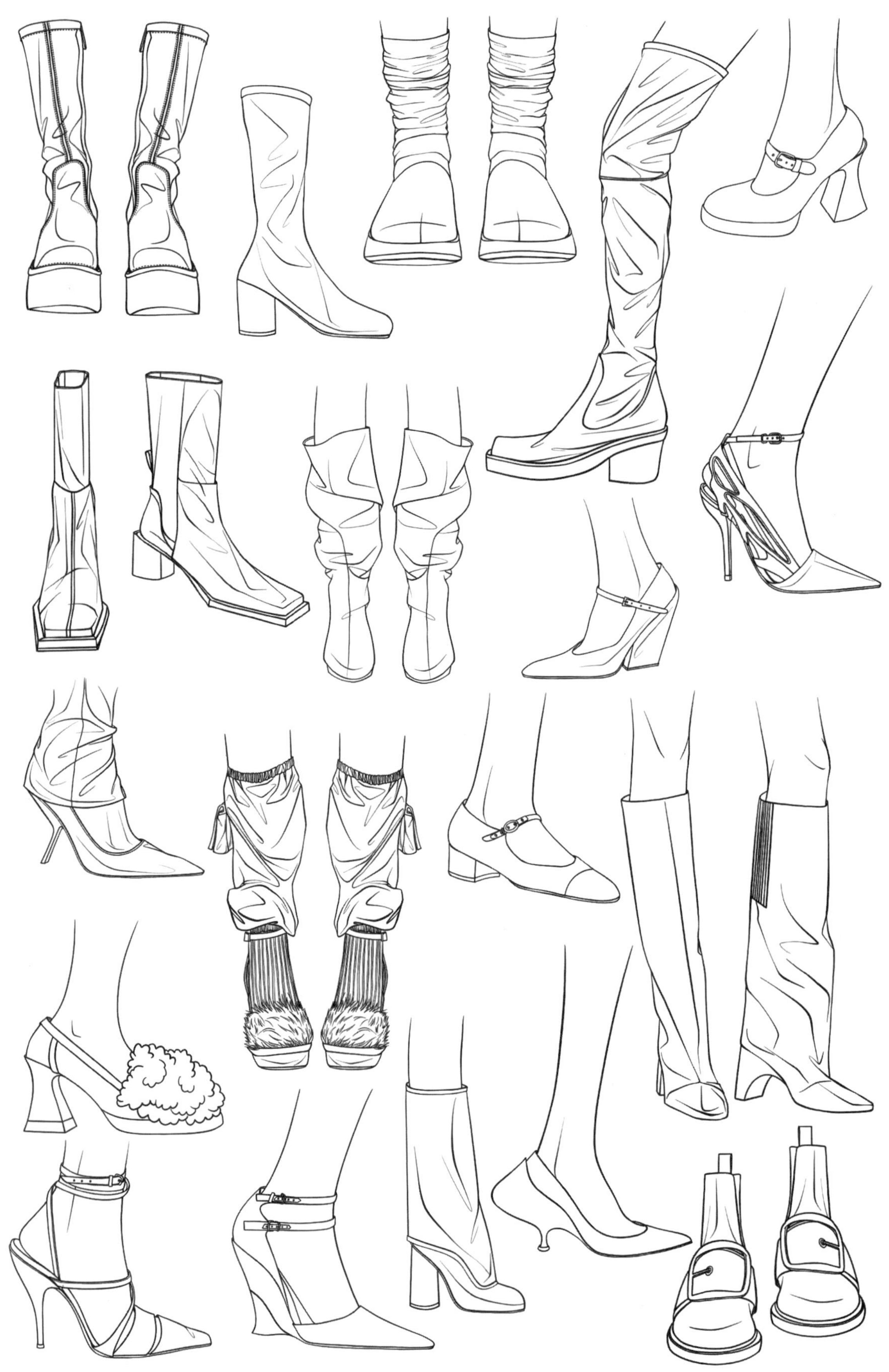

第6章

不同款式的色彩表现

6.1 配饰着色

这是一款尖头的单鞋设计，整体以绿色为主，在着色过程中，要注意色彩的块面感塑造和明暗关系。

◎设计步骤解析

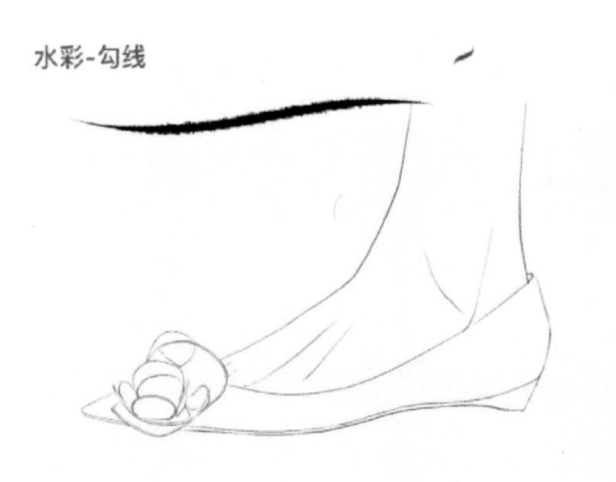

用“水彩－勾线”笔刷，绘制好鞋子的线稿。

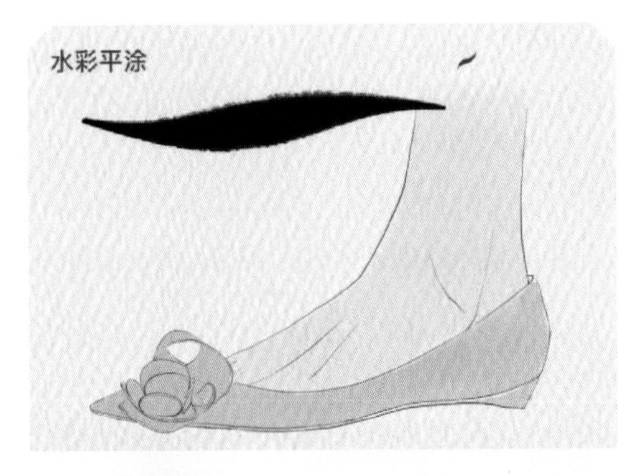

在线稿的基础上，新建一个图层，并将图层模式设置为“正片叠底”，复制图层，用“水彩平涂”笔刷，选择绿色和肤色，降低色彩的不透明度，放大笔刷，进行第一遍的色彩平涂，注意颜色要淡一些。

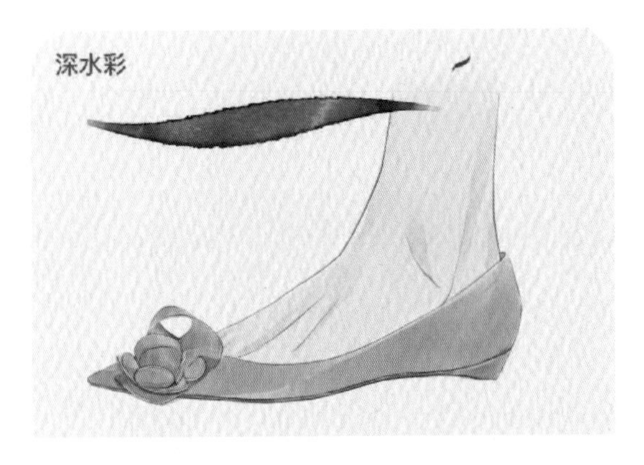

新建一个“正片叠底”图层，在第一遍色彩平涂的基础上，增加色彩的“不透明度”，缩小笔刷，用“深水彩”笔刷，轻扫出鞋子的灰面。

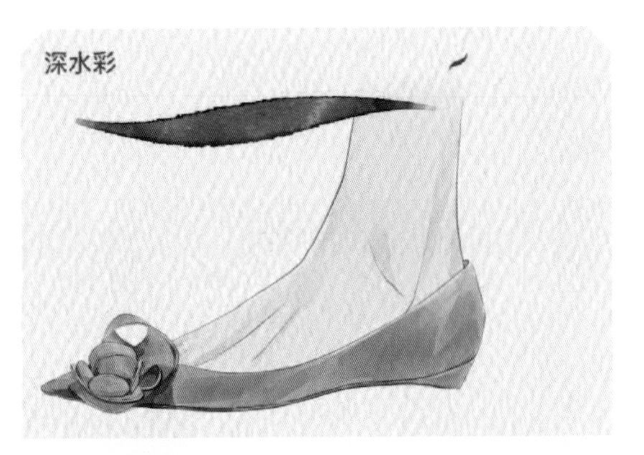

新建一个 “正片叠底”图层，在步骤 3 的基础上，继续增加色彩的“不透明度”，缩小笔刷，用“深水彩”笔刷，画出鞋子与足部的暗部，并适当强调细节的刻画，增加明暗效果，完成鞋子色彩着色。

◎配饰着色范例

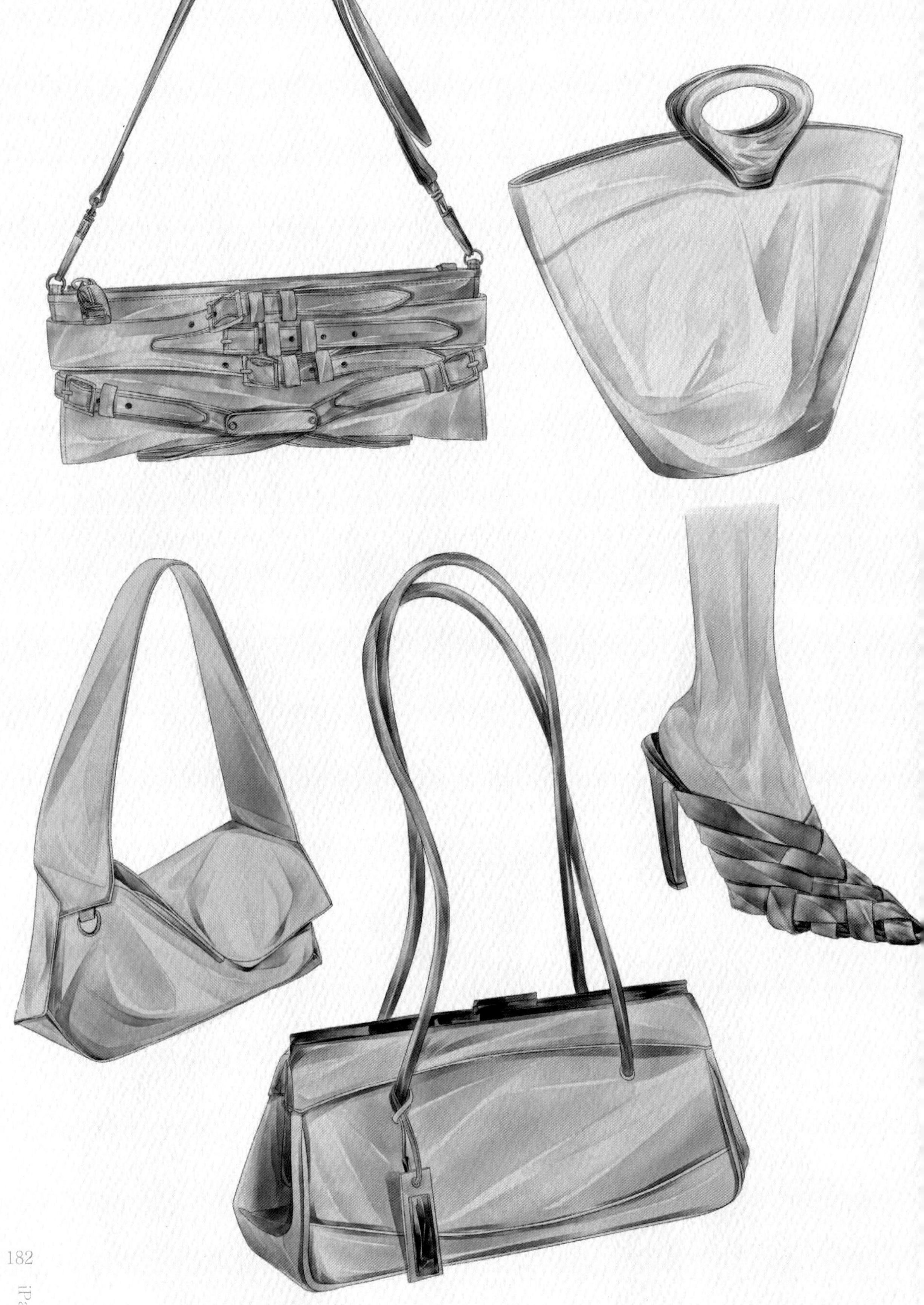

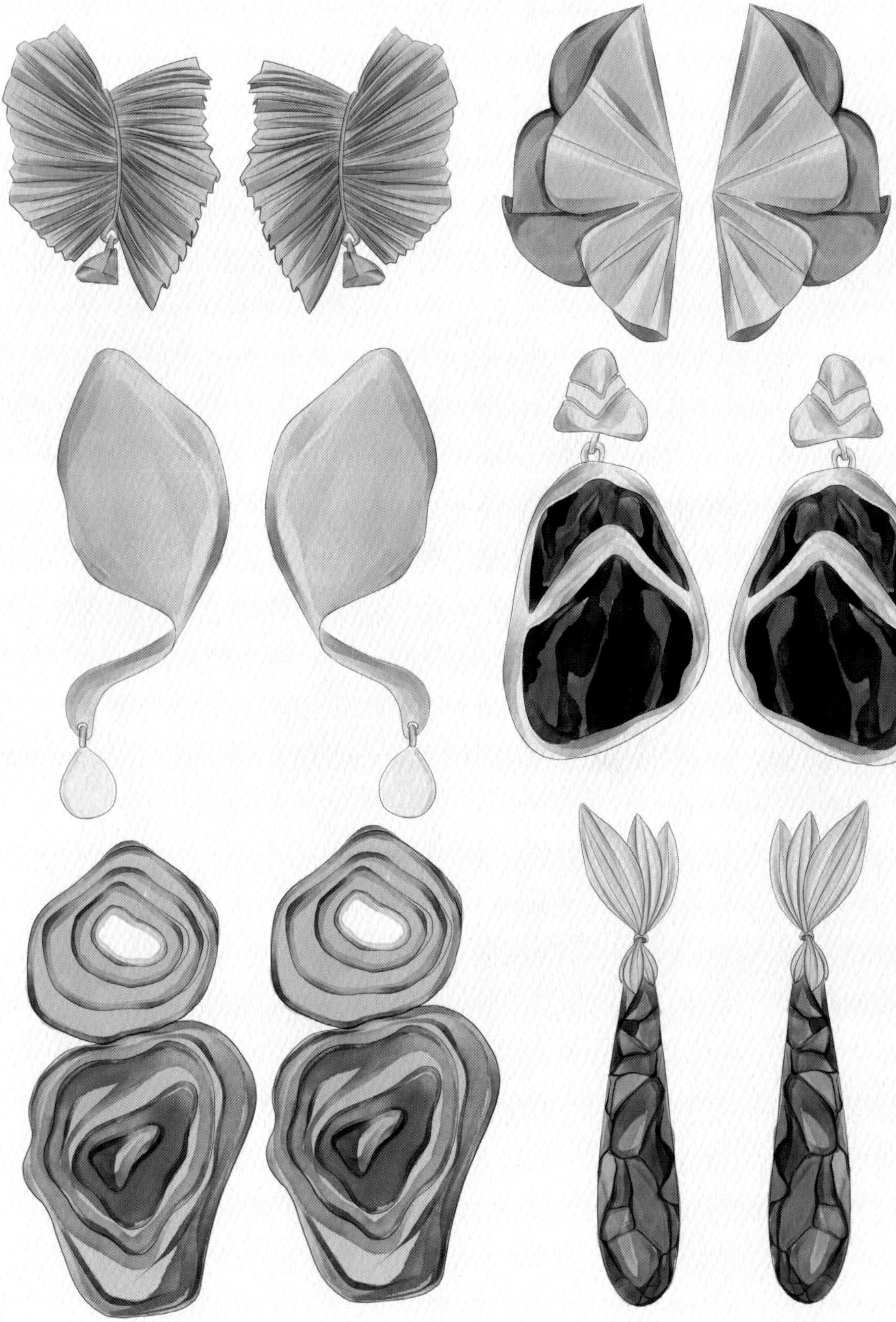

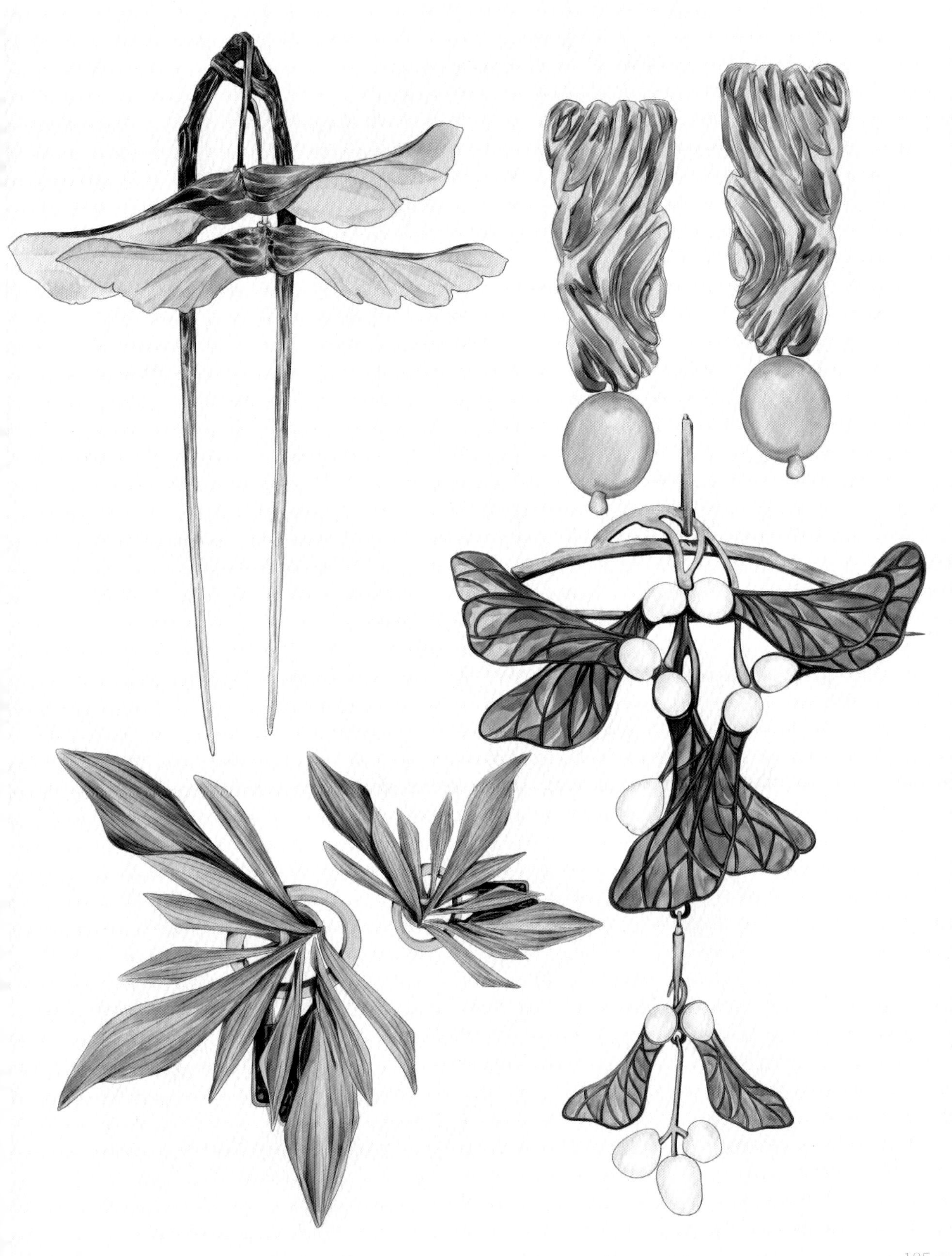

6.2 上装着色

这是一款莫代尔纯棉材质的上衣，整体以莫兰迪灰色为主要色彩，在着色过程中，要注意色彩的块面感塑造和明暗关系。

◎设计步骤解析

水彩-勾线

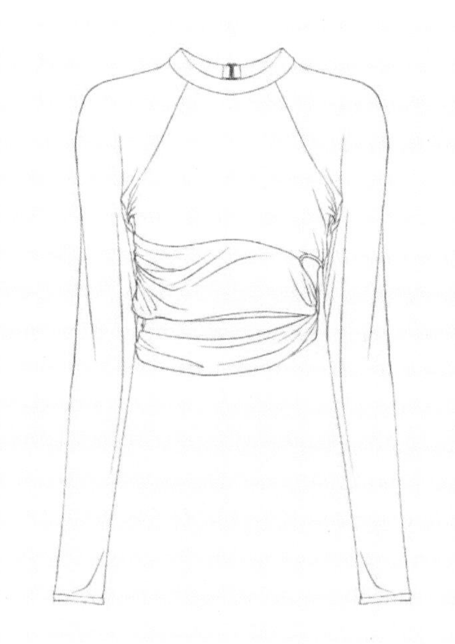

用“水彩勾线”笔刷绘制上衣的线稿。

水彩平涂

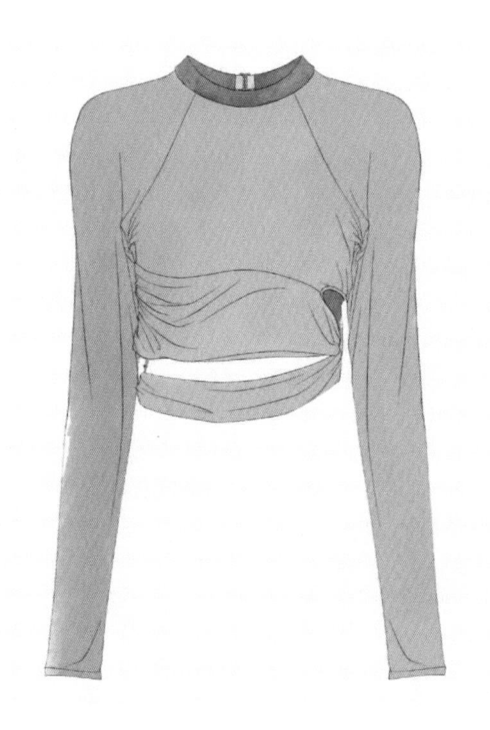

在线稿的基础上，新建一个图层，并将图层模式设置为“正片叠底”，复制图层，用“水彩平涂”笔刷，选择莫兰迪灰色，降低色彩的不透明度，放大笔刷，进行第一遍的色彩平涂，注意颜色要淡一些。

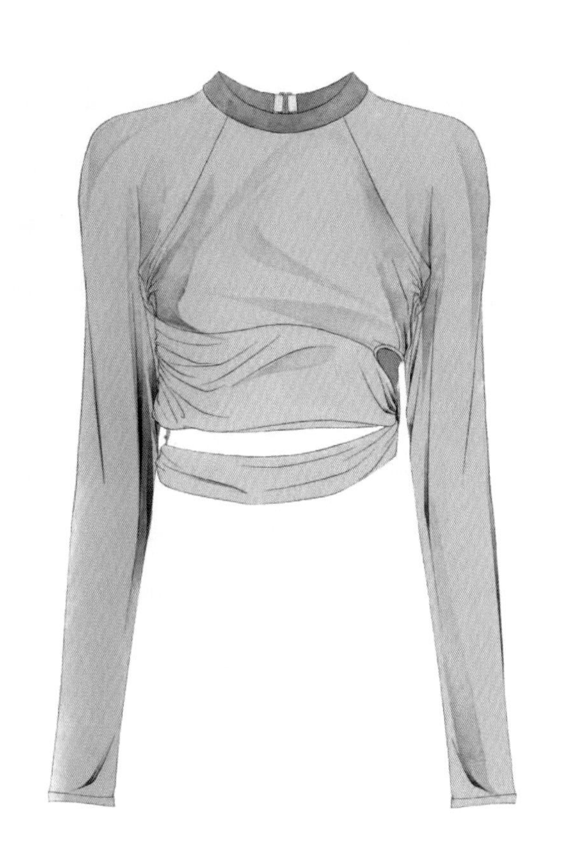

新建一个“正片叠底”图层，在第一遍色彩平涂的基础上，增加色彩的“不透明度”，缩小笔刷，用“深水彩”笔刷，轻扫出衣服的灰面。

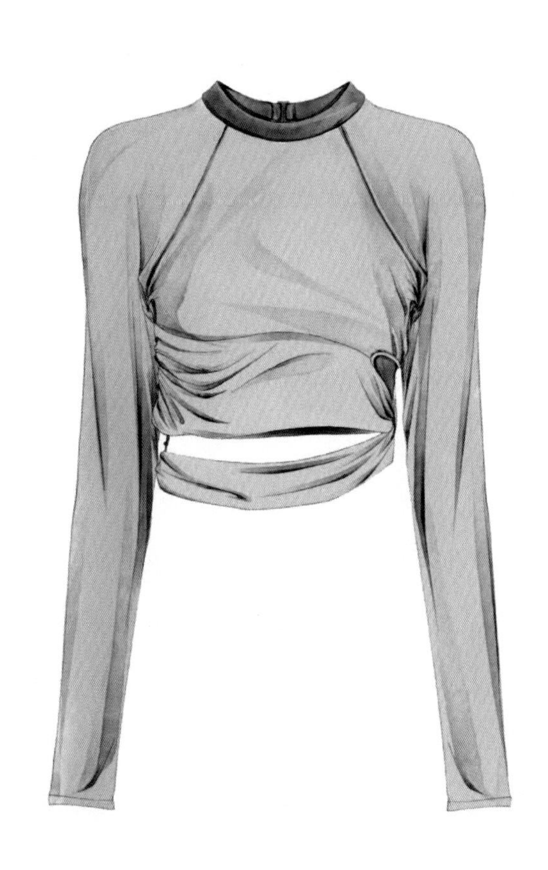

新建一个“正片叠底”图层，在步骤 3 的基础上，继续增加色彩的“不透明度”，缩小笔刷，用“深水彩”笔刷，画出衣服的衣纹线暗部，并适当强调细节的刻画，增加明暗效果，完成上衣色彩着色。

◎上装着色范例

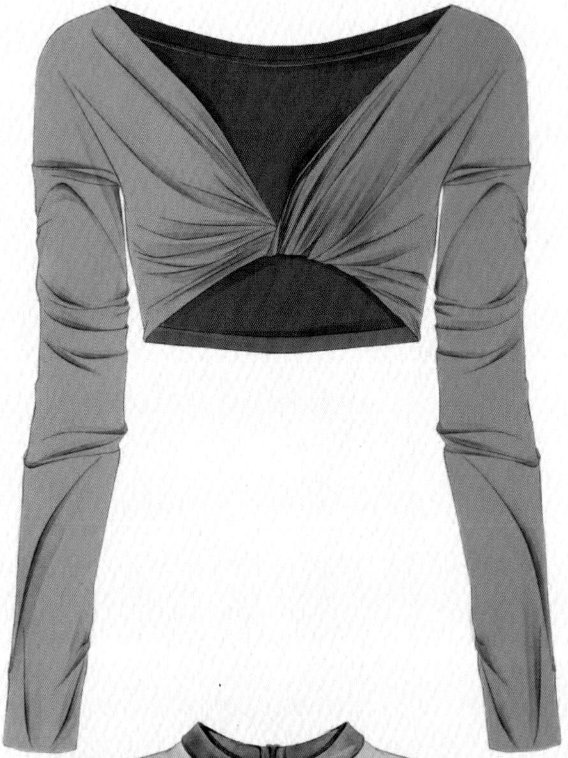

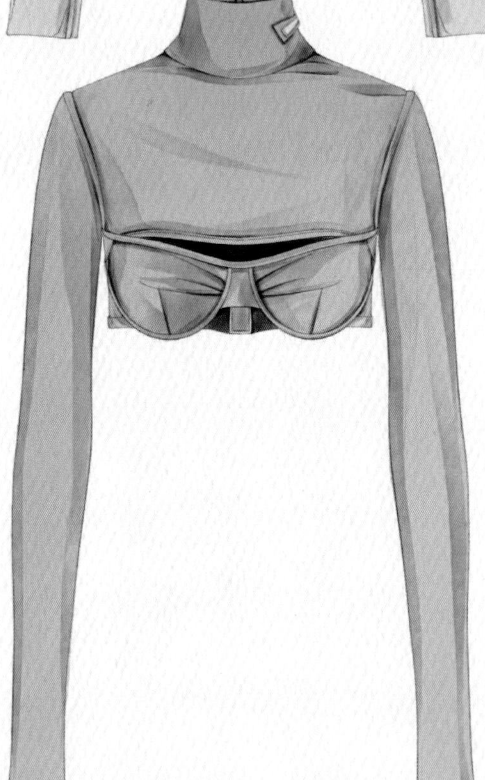

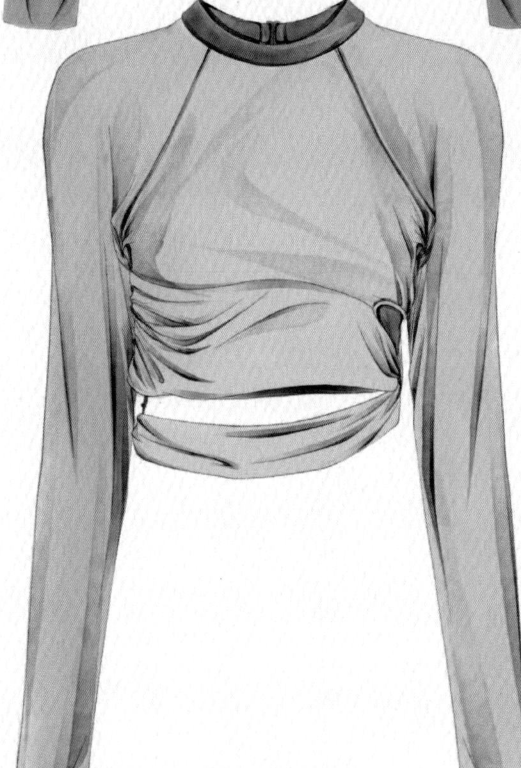

6.3 下装着色

这是一款垂坠感较强的堆褶半裙，整体褶皱较多，在着色过程中，要注意色彩的块面感塑造和明暗关系。

◎设计步骤解析

水彩-勾线

用“水彩勾线”笔刷绘制半裙的线稿。

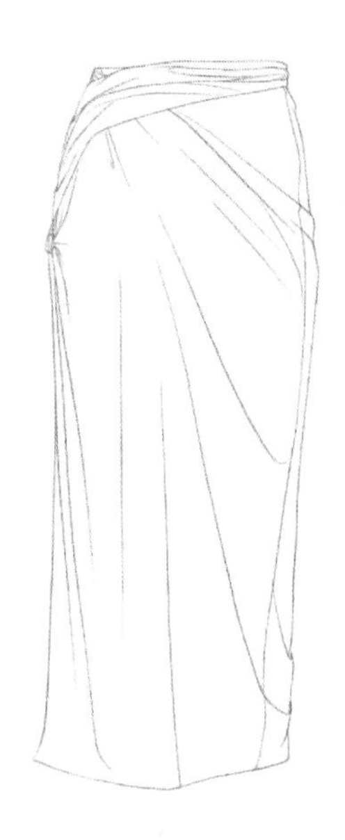

水彩平涂

在线稿的基础上，新建一个图层，并将图层模式设置为“正片叠底”模式，复制图层，用“水彩平涂”笔刷，选择好颜色，降低色彩的“不透明度”，放大笔刷，进行第一遍的色彩平涂，注意颜色要淡一些。

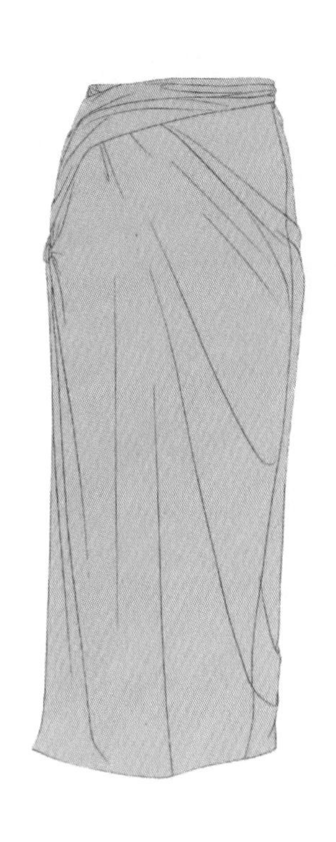

深水彩

新建“正片叠底”图层，在第一遍色彩平涂的基础上，增加色彩的“不透明度”，缩小笔刷，用“深水彩”笔刷，轻扫出半裙的灰面。

深水彩

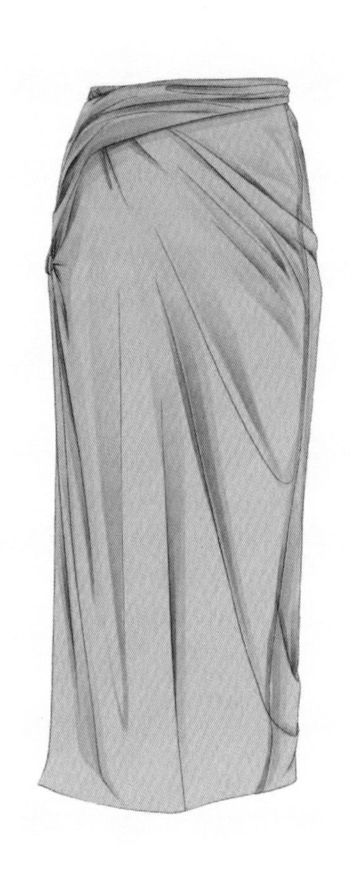

新建“正片叠底”图层，在步骤3的基础上，继续增加色彩的“不透明度”，缩小笔刷，用“深水彩”笔刷，画出半裙的暗部，并适当强调细节的刻画，增加明暗效果，完成半裙色彩着色。

◎下装着色范例

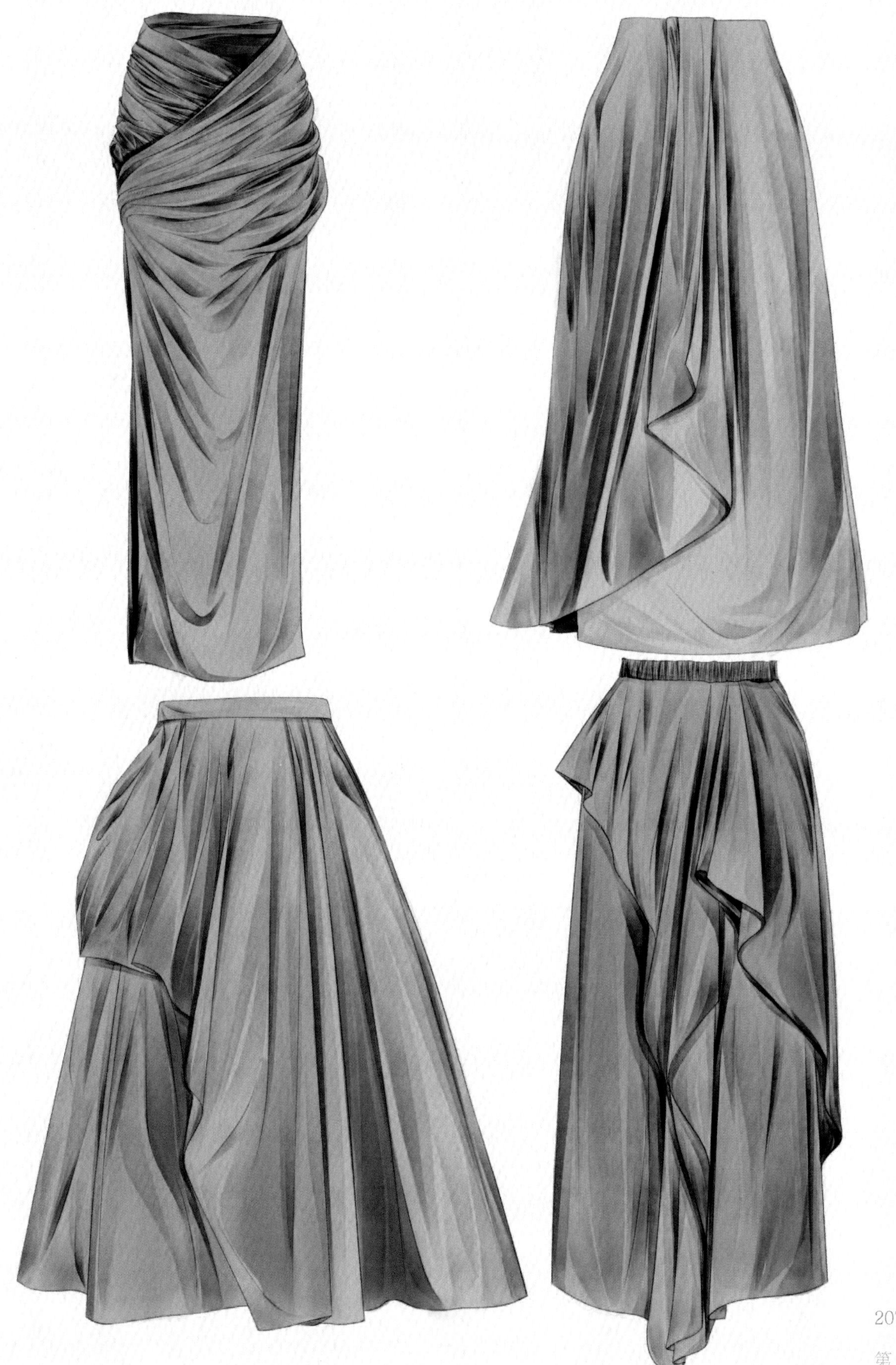

经典服装款式设计图赏析